Einleitung

„Ihr verfluchten Racker, wollt ihr denn ewig leben?", schrie Friedrich der Große 1757 während der Schlacht bei Kolin, als Preußen gegen Österreich verlor, seinen fliehenden Soldaten im Zorn zu. Sie hätten zurück rufen sollen: „Ja, warum eigentlich nicht?" Friedrichs hat perfekt zusammengefasst, was die Obrigkeit über das Leben des Pöbels denkt. Heute lachen wir darüber. Dabei sollten wir über uns lachen. Denn wir könnten schon lange sehr viel länger, wenn nicht ewig leben. Das ist keine Esoterik, keine Religion. Es ist Technik. Und die Nennt sich Transhumanismus.

Transhumanismus ist der Inbegriff des Fortschritts. Es bedeutet, dass der Mensch sich mit Technik verbessern will. So, wie schon seit dem Knochenhammer. Nur im Zeitalter von Roboterarmen und Nach dem Tod einfrieren eine Nummer größer. Abgedreht aber wahr: Wir sind schon auf dem halben Weg zur technischen Unsterblichkeit oder zum Terminator. Ein Skandal – wie es Fortschritt immer war.

Von den Arbeitern der englischen Industrialisierung bis zu dem internetaffinen Piraten: Jede neue soziale Bewegung wird zum Untergang der Zivilisation erklärt, jede Technik für unmöglich bis tödlich gehalten. In der menschlichen Geschichte ist nichts konstanter als die Veränderung – und die nackte Angst vor ihr. Schon der technische Fortschritt lässt besonders bei Macht- und Würdenträgern Panik ausbrechen. Menschen denken in Gruppen: Neu ist erst mal das andere: „We don't know em we don't wanna know em. They're the fucking enemy."[1] Die Technikgeschichte ist über weite Strecken ihre eigene Parodie.

Wieso ist das so wichtig? Wieso lässt man die Unambitionierten nicht meckern und sterben? In Zeiten von Futures und Kreditausfallversicherungsderivaten ist die Vergangenheit sowieso was für Verlierer? Leider nicht. „Wer die Vergangenheit beherrscht, beherrscht die Zukunft; wer die Gegenwart beherrscht, beherrscht die Vergangenheit.", sagte der visionäre Paranoiker George Orwell. Wenn Boko Haram („Westliche Bildung ist Sünde") in Nigeria Lehrbücher verbrennen, nehmen sie einer Generation nicht nur die Gegenwart, sondern die Perspektive auf die Zukunft. Wenn italienische Neomaschinenstürmer Briefbomben an die Wissenschaftler des Teilchenbeschleunigers Cern schicken, wollen sie die Geschichte zurück spulen. Und wenn Merkels Kader das erneuerbare Energiengesetz auf innovationsscheue Großbetriebe ummünzen, schalten sie unsere Entwicklung auf Rücklauf.

Wem das alles gepflegt am Arsch vorbei geht, für den gibt es noch den Tod. Sich über Religion lustig zu machen ist wie ein totes Pferd ins Gesicht zu treten. Interessiert schon lange keinen mehr, der sich nicht längst aus dem Leben katapultiert hat. Trotzdem fehlt ein neuer Ansatz beim Tod bis jetzt. Systeme kollabieren nicht, weil sie unsinnig sind. Sie kollabieren erst, wenn eine sinnvolle Alternative sie ersetzt. Religion ist die neue Sowjetunion. Transhumanismus das neue Glasnost.

Man muss sich nichts vormachen: Sterben muss man nicht mehr.

Teil I: Sich Vorbereiten

„Die meisten leben in den Ruinen ihrer Gewohnheiten."
- Jean Cocteau

„Die Stärke des Survivors liegt in seiner Vielseitigkeit, die ihn bestmöglich unangreifbar macht. Diese Vielseitigkeit ist eine Mischung aus Muskeln, Hirn und Seele. Survival enthält Elemente von Robinson Crusoe, Pfadfindern, Rangern, Kampfschwimmern, Rettungsschwimmern, Abenteurern, Entdeckern, Wissenschaftlern, Detektiven, … . Eine Wahnsinnsmischung ist Survival.", sagt Rüdiger Nehberg alias „Sir Vival" in seinem Klassiker „Überleben ums Verrecken".[ii] Das ist auch richtig, wenn es nicht ums durch den Schlamm im Amazonas kriechen geht. Kampfschwimmen bringt's heute eher mittel, weil uns heute eher seltener Haifische angreifen, sondern eher Herz-Kreislaufkrankheiten oder Krebs. Was uns gefährlich wird, kann man ziemlich genau eingrenzen. Wie man es besiegt nicht. Da hat Sir Vival dann wieder recht: Man sollte auf alles vorbereitet sein, auf allen Fronten kämpfen – gegen den Tod. Nicht mit der Axt, sondern mit dem Kopf. Wissen ist heute mehr Macht denn je und der Schlüssel zum Überleben.

Um die Zukunft zu erleben, muss man sich zuerst selbst überzeugen, dass das möglich ist. Und was hilft da besser, als toten Idioten beim Scheitern zuzusehen?

Nichts ist möglich. Eine kleine Geschichte der Angst

30kmh und abgerissene Ziegenköpfe

Früher war alles besser. Oder zumindest lustiger. Was waren das für Zeiten, als die Leute noch wegen der Eisenbahn Anfälle bekamen? Die erste deutsche Eisenbahn tuckerte zwischen Nürnberg und Fürth mit atemberaubenden 30kmh hin und her. Klar, Metropolen dieser Größe konnte man nicht unverbunden lassen. Selbst im Kriechtempo war die Bahn schneller als die holperigen Kutschen. Zwar konnte man nicht acht Stunden das Gefluche des Kutschers genießen, oder bei Radbruch den Schädel gespalten bekommen, doch es gab andere Gefahren. Nicht nur der kleine Mann, gestandene Ärzte hatten gewarnt, „der Fahrtwind verursache Lungenentzündung und die vorbeirauschende Landschaft könne zu Ohnmacht führen, wenn [...] nicht gleich ganz verrückt machen". Das brauchten die wohl nicht mehr. Fehlt nur noch, dass der Fahrtwind schwarze Löcher aufreißen könnte. Der beste Treffer war die Vermutung, dass der Qualm Mensch und Vieh vergiften würde. Wenn die gewusst hätten, dass Kühe ein Fünftel der Klimaerwärmung in die Luft furzen. Und rülpsen. Ungefähr alle 40 Sekunden. 300 bis 500 Liter Methangas stößt die Kuh jeden Tag aus. Methan hat 21-mal so viel Treibhauswirkung wie die gleiche Masse CO2.

Bisher hatte nur die Elite das Wort. Ärzte waren im 19. Jahrhundert meist ältere Herren, denen man dahergelaufener Hohnepipel nüscht, aber auch gar nüscht, erzählen konnte. Zwar hatten sie keinen direkten wirtschaftlichen Vorteil aus der Hysterie - im Gegenteil, Vergiftungen wären prima für ihr Geschäft gewesen - aber das Establishment scheut Veränderungen instinktiv.

Auf der Party der Vorurteile durfte der Klerus natürlich nicht fehlen. Den Vogel schoss ein Pfarrer aus Schwabach ab. Er predigte vor der ersten Fahrt: "Die Eisenbahn ist ein Teufelsding, sie kommt aus der Hölle und jeder, der mit ihr fährt, kommt geradezu in die Hölle hinein." Dieser Satz schreit danach auf jedem der uniformen DB-Nichtortbahnhöfe angenagelt zu werden.

Was also tun um die Höllenmaschine so sicher wie möglich zu machen? Eine Ziege dran binden. Was denn sonst? Denn wenn die noch mitlaufen kann, kann es nicht so gefährlich sein. Bekanntermaßen sind Lokomotiven extrem feinfühlig, was sollte da schon schief gehen? Tierschützer können schon mal facepalmen: Der Ziege wurde der Kopf abgerissen – mit Anlauf.

Wie wir später geborenen und immer klügeren heute wissen, waren die Sorgen unbegründet. Die Eisenbahn nahm nach dieser Premiere bekanntlich eine rasante Entwicklung und mit ihr die Industrialisierung in Deutschland. Daimler wäre ohne den Zug nicht möglich gewesen, jetzt würgt der schlechte Stiefsohn ihn ab. Die Geschichte verläuft außer in den Büchern der Sieger nicht in einer geraden Linie, sondern ähnelt eher einem Seismograph bei einem Erdbeben. Der Beschleunigung folgte eine elende Zeit der Kinder in Minenschächten und Städte im Koksrauch, aber dafür müssen wir heute nicht mehr mit der Öllampe zum Außenklo. Die Bahn ist als teilprivater Monopolist leider im 20. Jahrhundert stecken geblieben.

Gut, man sollte mit unseren Vorfahren nicht so hart sein. Über Tote soll man nicht schlecht reden (obwohl die einen am wenigsten hören können). Vielleicht lernte die Menschheit und war bereit die nächste Erfindung mit offenen Armen zu Empfangen?

Ein guter Gradmesser sollte die renommierteste wissenschaftliche Akademie des mächtigsten Weltreichs der Zeit gewesen sein: Die britische Royal Academy. Der Physiker Lord Kelvin war der Justin Bieber der Forschung. Er ließ einen Kracher nach dem anderen ab: Als Präsident der Akademie liefen 70 Patente auf seinen Namen, und die berühmte aber weitgehend unnütze Kelvinskala wurde nach ihm benannt. Geringen Sachverstand konnte man Lord Kelvin nicht nachsagen. Mangelnde Phantasie schon. Der absolute Nullpunkt seiner Einbildungskraft war beim Fliegen erreicht. Völliger Humbug! Es sei physisch unmöglich, dass eine Flugmaschine, die schwerer als Luft sei, sich in die Lüfte erheben könne, argumentierte er in bestechender Logik. Als am 17. Dezember 1903 die Gebrüder Wright den ersten erfolgreichen gesteuerten Motorflug der Menschheitsgeschichte zurücklegten, wurden sie auf keine Teeparty mehr eingeladen. Nicht mal mehr zu ihrer eigenen. Noch 1901 ließ Wilbur Wright verlauten: „Es wird noch 50 Jahre dauern, bis der Mensch fliegt."[iii]

Fortbewegung scheint den Menschen nicht in den Kopf zu gehen. Ob auf der Schiene oder in der Luft: Geht nicht gibt's immer. Dabei waren die größten Umbrüche auf der Straße. Die waren im gleichen Jahr noch voll von menschlichen und tierischen Fäkalien: Die Pferdestärke war noch wörtlich zu nehmen. Unvergessen die glorreichen Prognosen der 1850er, dass New York bis 1910 nicht wachsen könnte, da die New Yoker dann unter den täglich auf sie regnenden Tonnen Pferdeäpfeln buchstäblich ersticken würden. Mit anhaltender Bevölkerungsexplosion war das eine grimmige Gewissheit. Autos mit ihren albernen Kotflügeln? Keine Zukunft. 1903 gab der Präsident der Michigan Savings Bank folgendes Statement von sich: "Das Pferd wird es immer geben, Automobile hingegen sind lediglich eine vorübergehende Modeerscheinung."[iv]

Noch erstaunlicher ist der Pessimismus eines Patens der Automobilbranche: Gottlieb Daimlers. In einem Moment geradezu hellseherischer Weitsicht proklamierte er 1901: "Die weltweite Nachfrage nach Kraftfahrzeugen wird eine Million nicht überschreiten - allein schon aus Mangel an verfügbaren Chauffeuren"[v]. Auch dies ein Irrtum, obwohl er zumindest mit dem Mangel an *fähigen* Chauffeuren durchaus recht hatte. Hätte er den Horror des täglichen Im-Stau-Stehens voraussehen können, hätte er seinen Motorembryo wohl abgetrieben.

Eigentlich hat Prognose weniger mit Fakten, sondern mit Dünkel und Emotionen zu tun - Das zeigt die Art wie Douglas Haig, der persönliche Adjutant des britischen Feldmarschalls, bei einer Panzervorführung während des Ersten Weltkriegs seine Zweifel äußerte: „Die Vorstellung, dass die Kavallerie von diesen Eisenkutschen ersetzt wird, ist absurd. Das ist fast schon Verrat."[vi]

Nur um alle Fortbewegungsmittel gleich abzuwerten: Das Schiff bekam von höchster Stelle eine Absage: „Was, mein Herr - Sie würden ein Schiff gegen den Wind segeln, indem Sie ein Feuer unter seinem Deck entzünden? Ich bitte Sie, mich zu entschuldigen. Ich habe nicht die Zeit, mir solchen Unsinn anzuhören."[vii] Mit diesen Worten soll Napoleon Bonaparte auf die Nachricht von Robert Fultons Dampfschiff reagiert haben. Ob diese Worte wirklich gefallen sind, ist nicht zu ermitteln. Aber dass sie für möglich gehalten wurden, sagt genug über unsere alltägliche Schizophrenie aus: „Das kannst du doch nicht denken!", geht nahtlos über in Akzeptanz.

Wir sind nicht nur Bewegung- sondern auch Kommunikationskloppis. So skeptisch wir gegenüber aller Überwachung sind, heute wird getwittert, gesnapchattet und gereddet als hätte es die Stasi nie gegeben. Und würde sie als NSA nicht mehr geben. Dabei war der Urgroßvater der modernen Technik ein hässliches Entlein: Niemand glaubte an sein Potential. Ein internes Memo von Western Union aus dem Jahr 1876 lässt tief in unsere Imaginationsgabe blicken: „Dieses Telefon hat zu viele Schwächen, als dass man es ernsthaft für die Kommunikation in Erwägung ziehen kann"[viii]. Im gleichen Jahr ließ Sir William Preece, Chefingenieur der Britischen Post, eine formschönere weil aristokratischere Begründung vom Stapel: „Die Amerikaner haben Bedarf für das Telefon, wir haben es nicht. Wir haben reichlich Laufburschen."[ix] Die feinen Herren haben es nicht nötig, ebenso wie die Adeligen in Versailles, die Parfüm dem schnöden Wasser vorzogen. Und die Treppen den Klos.

Vielleicht können wir uns nicht mehr vorstellen wie diese Menschen gedacht haben? Wir haben sie schließlich nie getroffen. Wie wäre es mit unseren Großeltern, sagen wir 1943, falls die da nichts besseres zu tun hatten?

Thomas Watson hatte Ahnung von Computern. Wenn jemand auf der Welt Ahnung gehabt haben sollte, dann er als Vorsitzender von IBM. Der Firma, die Computern zum Durchbruch verhalf. Im Kriegsjahr 1943 war die Aufmerksamkeit wegen kleinerer Naheweltuntergänge nicht auf die Börse gerichtet. "Die Börse hat augenscheinlich ein permanentes, hohes Plateau erreicht."[x] verkündete Ökonomie-Professor Irving Fisher von der amerikanischen Yale University im Jahr 1929. Er hätte nur nach oben blicken müssen und ihm wären die fallenden Börsianer aufgefallen: Die Welt stand kurz vor dem Schwarzen Freitag. Danach war die Börse eine Weile auf lautlos gestellt, sonst hätte Watson sich so eine ehrliche Ansage zum Thema Computer nicht erlauben können: "Ich denke, dass es weltweit einen Markt für vielleicht fünf Computer gibt"[xi]. Heute ist man ein Relikt, wenn man keinen Computer als Smartphone in der Tasche trägt. Und ein Relikt, wenn man Tamagochi noch kannte.

Gut, 100 Jahre ist das her, heute sind wir klüger. Ein Glück sind wir die erste Generation, die alles besser weiß und die Fehler der Alten nicht noch einmal wiederholt. Manchmal ist Geschichte ein Kreis.

Es ist 1996. Meine Freundin ist weg und bräunt sich. Grauenhafter Happy-Hip-Hop gassiert in Deutschland, Dancefloor liegt im Sterben, Oasis marodieren auf einem größenwahnsinnigen Kokstrip durch die Popkultur. CDs haben die leiernden Kassetten abgelöst, nie wieder Faschismus und Kabelsalat. Seit einiger Zeit fiepen Modems im Keller und treiben werdende Anrufer in den Wahnsinn. Wer ganz viel Zeit hat, lässt sie eine Nacht laufen und lädt sich „Wonderwall" runter. Die wirkliche Party geht auf grauen Kästen ab. Sie gedeihen im Umfeld von prehistorischen Flimmerkästen, von denen H. M. Warner, Mitbegründer der Filmgesellschaft Warner Bros., im Jahr 1927, sich noch sicher war: "Das Fernsehen wird sich nicht halten, weil die Leute es bald müde sein werden, jeden Abend eine Sperrholzkiste anzustarren. Und wenn, dann bitte ruhig: Wer zum Teufel will Schauspieler reden hören?"[xii]

Die grauen Kästen waren Konsolen: Super Nintendo, Playstation und wenn es hoch kam: Sega Mega Drive, alter. Donkey Kong quietschte über die Bildschirme. Unsere seit der Steinzeit nahezu unveränderten Gehirne reagierten mit epileptischen Anfällen. Das hatten wir Robert Metcalfe zu verdanken, dem Gründer von 3Com und Erfinder der Ethernet-Verbindung, die heute der Standard für kabelbasierte Netzwerke ist. 1996 war nicht sein Jahr, denn er prophezeite: "Das Internet wird wie eine spektakuläre Supernova im Jahr 1996 in einem katastrophalen Kollaps untergehen"[xiii]. Normalerweise stört es hartgesottene Gläubige nicht, wenn Prophezeiungen nicht eintreffen:

Willkommen beim Sekteneffekt. Wer einmal beginnt Folgen ohne Ursachen anzunehmen, der hat sich aus der Rationalität verabschiedet. Nostradamus hängt Metcalfe im Guru-Ranking trotzdem weit ab.

Beim Thema zu bleiben fällt uns zusehends schwer. Mit dem Internet kam die Wissensflut. Schüler fragen sich zurecht, wieso sie sich in Zeiten von Wikipedia noch Daten in ihren Schädel pressen müssen. Zusammenhänge wären wichtiger. Denn vor kleinteiligem Unsinn, der auf uns einballert, können wir uns kaum noch retten. Ein Glück versprach Bill Gates: "In zwei Jahren wird das Spam-Problem gelöst sein"[xiv]. Das war 2004. Derzeit macht Spam zirka 90 Prozent des weltweiten Mailverkehrs aus, von anderem Kommunikationstrash ganz zu schweigen. Der Rest ist Porno. Der Jürgen Drews der Voraussagen hatte für das Internet nicht viel übrig und bezeichnete es als „Hype". Hätte er Windows gesagt wäre er näher dran gewesen.

Jedoch hat keiner die menschliche Idiotie so gut auf den Punkt gebracht wie Charles Duel. 1899 war er Chef des US-Patentamtes, und sich verdammt sich sicher: „Alles, was erfunden werden kann, wurde bereits erfunden."[xv]

Nicht nur in der Vergangenheit fallen wir mit Bravour durch, auch in der Zukunft. Wissenschaftskonservativismus ist eine Flurplage. Die Zukunft wird regelmäßig misshandelt: „Staubsauger, die durch Kernkraft angetrieben werden, sind vermutlich in zehn Jahren Realität".[xvi] Diese gruselige Vorhersage stammt von Alex Lewyt, dem Präsidenten der Lewyt Corp Vacuum Company. Kombiniert mit den Visionen des amerikanischen Postministers Arthur Summerfield im Jahr 1959„Wir stehen an der Schwelle zur Raketen-Post."[xvii], wäre das ein veritabler Atomkrieg für daheim.

Neben ehrlicher Dummheit muss das Motiv für alberne Vor- oder Absagen nicht diffuser Standesdünkel sein – es reicht die gute alte Gier, das wirtschaftliche Interesse. Das war die Zeit in der die USA plante in Alaska einen Hafen per Atombombe ausheben zu lassen und einen zweiten Panamakanal gleich mit. Lief ja so gut mit den Atomtests in Argentinien 1960, kurz nach dem Abrüstungsgipfel. Schwerter zu Pflugscharen am Arsch. Unterirdische Atombomben waren genau das, was die tektonischen Platten dort brauchten. Am Tag danach begann das Erdbeben von Valdivia, Chile: das größte der Geschichte.[xviii] Nicht, dass damals alle verrückt waren. Genau deshalb hat Chruschtschow schon 1960 den Amerikanern die totale nukleare Abrüstung und Wiedervereinigung Deutschlands angeboten.[xix] Die hatten nur keine Lust.

Das Wissen überholt uns schneller als unsere Fähigkeiten. Die Doomsday Clock steht heute auf drei vor Zwölf.[xx] So spät war es seit Anfang des kalten Krieges 1949 nicht mehr. Führende Wissenschaftler legen damit fest, wie nahe sich die Menschheit vor der eigenen Vernichtung befindet. Vielleicht bomben wir uns als schlechten Scherz 30 Jahre nach Ende des Kalten Krieges noch ins Nichts. Aber das ist unwahrscheinlich. Menschen wollen wie jedes andere Lebewesen überleben.

Eins ist sicher: In der Zukunft werden Menschen die Zukunft für Unmöglich halten. In New York fährt die Ubahn zum JFK-Flughafen seit den 70ern ohne Fahrer. In Berlin bekommen die Leute schon beim Gedanken daran Krampfadern. Selbstfahrende Autos touren mittlerweile fröhlich kreuz und quer durch die USA. Nachdem Teslas auf autonom geupdated wurden, setzten sich ein paar Enthusiasten in San Francisco in ihre Elektroautos, und ballerten bis nach New York durch.[xxi] Doch der deutsche Motorist wird sich das Lenkrad nur aus den kalten toten Händen nehmen lassen! Trotzdem, wenn die Technik kommt, benutzen wir sie so schnell und sorglos wie wir atmen. Ob Auto oder Atombombe, Smartphone oder laktosefreier Käse, wir sind dabei. Es geht uns größtenteils besser und wir verwehren uns vehement dagegen, dass es uns noch besser gehen soll. Selbst die Diskussion um selbstfahrende Autos sind nur ein Gemetzel. Die Schlacht kommt in den nächsten Jahren: Transhumanismus ist ein Teufelsding, er kommt aus der Hölle, und jeder, der ihn forciert, kommt geradezu in die Hölle hinein!

Leichenteilchen auf Abwegen - Möchten und Macht

„Vor dem Klo und nach dem Essen – Hände waschen nicht vergessen!"
    - Unsinniger Spruch

Allgemein salbadern und süffisant lachen kann jeder. Jetzt wird es persönlich. Bis auf die mikroskopische Ebene: Keime. Ärzte eignen sich gut um den Widerwillen gegen Veränderung darzustellen. Selten trifft Technik und Menschlichkeit so hart aufeinander in ihrem Beruf. Sie sind Mechaniker mit menschlichem Antlitz. Dass sich Ärzte und auch niederes Gewürm heute die Hände waschen, ja dass wir einen Händewaschtag am 15. Oktober feiern dürfen, das verdanken wir dem „Retter der Mütter", Dr. Ignatz Semmelweis. Er revolutionierte das Hygienesystem, und wie alle Revolutionäre bekam er Gegenargumente mit dem Vorschlaghammer.

Semmelweis stellte fest, dass das Kindbettfieber in der von Ärzten betreuten Entbindungsstation des Wiener „Allgemeinen Krankenhaus" fünfmal häufiger auftrat als in jener Abteilung, wo Geburten ohne Arzt stattfanden. Medium positiv für das Selbstverständnis der Ärzte. „"Die gängige Meinung war, dass sich Infektionen über die Luft verbreiten", berichtet die Politikwissenschafterin Anna Durnová. „Semmelweis' Erkenntnisse überstiegen aber die gängige Vorstellung von der Funktionsweise der Welt und überforderten die Imaginationskraft seiner Kollegen.".[xxii] Ihre Paradigmen herrschten in einem diktatorischen Regime. Allgemein anerkannte Wahrheiten beeinflussen das Urteil über neue Ideen und so lag es Mitte des 19. Jahrhunderts nahe, die Ursache für das gehäufte Auftreten von Kindbettfieber nicht den verunreinigten Ärztehänden, sondern den neuen Lüftungsmaßnahmen zuzuschreiben. Den „anderen" also. Flüchtlinge waren gerade nicht zu finden.

Mit Semmelweis' Theorie setzen sich die führenden Köpfe der Zeit auseinander, wie man es von Wissenschaftlern erwartet: Sie nannten sie „grober-", ja „spekulativer Unfug" und „reine Zeitverschwendung."[xxiii]. So anmaßend, dass man keine Argumente zu liefern brauchte.

Aber der Ignatz wäre nicht der Ignatz gewesen, wenn er das auf sich sitzen gelassen hätte. Er hatte nicht umsonst an der Universität Pest studiert, heute halb Budapest. Wer ihm rein reden wollte, bekam die volle Wucht der Worte unter seinem Pornobalken zu spüren:

„Für mich gibt es kein anderes Mittel, dem Morden Einhalt zu tun, als die schonungslose Entlarvung meiner Gegner und niemand, der das Herz auf dem rechten Fleck hat, wird mich tadeln, dass ich diese Mittel ergreife. […] Sollten Sie aber, Herr Hofrat, ohne meine Lehre widerlegt zu haben, fortfahren, Ihre Schüler und Schülerinnen in der Lehre des epidemischen Kindbettfiebers zu erziehen, so erkläre ich Sie vor Gott und der Welt für einen Mörder."[xxiv]

So macht man sich keine Freunde. Und den Hofrat sollte man nicht zum Feind haben. Schon gar nicht in einer hierarchiefetischistischen Monarchie wie Österreich-Ungarn.

Semmelweis' Problem war, dass er die Fakten vor Augen hatte, jedoch keine Theorie. Menschen brauchen Märchen, um Wissen zu vermitteln. Keine Identifikation, kein Interesse. Sein wahres Märchen wäre die Keimtheorie gewesen. Grob umriss er sie, allerdings nicht weit genug um den Grenzen des guten Geschmacks zu genügen. Und die waren wichtiger, als alle Argumente. Die gemeinsame Ursache bestand in, wie er schrieb, *"[den] Leichenteilchen, die in das Blutgefäßsystem gelangten."*[xxv] Kein Wunder, denn Ärzte und Studenten kamen direkt vom Seziersaal zur Untersuchung und infizierten so ihre Patientinnen. Semmelweis setzte daraufhin 1847 durch, dass sich die Ärzte ihre Hände mit Chlorkalk waschen mussten - und die Sterblichkeit unter den Frauen sank enorm. Dennoch erntete er von seinen Kollegen nur Spott und Verachtung. Die Ärzte wollten nicht wahrhaben, dass ausgerechnet *sie* für den Tod der Frauen verantwortlich sein sollten. Es ging nicht um Wissenschaft, sondern um ganz persönliche Kränkung. Respektlosigkeit kann schon der einzelne kaum auf sich sitzen lassen, besonders nicht in Wien. Duelle waren im 19. Jahrhundert nicht unüblich: 25% der Adligen fochten mindestens einmal im Leben ein Duell aus.[xxvi] Doch wenn ein System nur stark genug gefordert ist, *muss* es handeln. Revolutionäre stellen seine Existenz in Frage. Da könnte ja jeder kommen.

Alle erkannten die neue Faktenlage an und lebten glücklich und zufrieden bis an ihr Ende? In Österreich ist das Leben kein Märchen: Semmelweis wurde versetzt. Er praktizierte teilweise in Ungarn und verblieb nach seiner Rückkehr nach Wien in geistiger Umnachtung. So die Legende. Die Realität klingt mehr nach Dan Brown: Seine Freunde wandten sich von ihm ab. Aus dem Anprangerungen wurden offene Drohungen. Sein ungarischer Akzent macht es ihm nicht leichter, Österreicher sind nicht bekannt dafür aus rassistischen Gründen kleine Weltkriege zu provozieren. 1865 wird er von Ärzten brutal ins „Irrenheim" Oberdöbling verschleppt. Er leistet Widerstand, bis zum letzten Barthaar. Auf dem Totenschein wird man „Blutvergiftung" als Todesursache feststellen. Die Frakturen an Armen, Beinen und Brust hat er sich wohl beim die Treppe runter fallen geholt.[xxvii]

Abbildung 1: Heute benutzen Krankenhäuser dank ihm sogar kreative Bldschirmschoner

Heute ist er glücklicherweise rehabilitiert, aber geschickt dort verewigt, wo man Berühmte am besten versteckt: Auf Bronzestatuen in den Zentren von Wien bis Graz. Die nächste Generation ist immer klüger. Immerhin hat er auch die Geistesgeschichte weiter gebracht: Im Englischen gibt es die Wendung "Semmelweis-Reflex": Die Ablehnung einer Information oder wissenschaftlichen Entdeckung ohne weitere Überlegung oder Überprüfung des Sachverhaltes.

Eine historische Marotte? Leider nicht. Der verschwörungstheoretisch ganz vorne mitkämpfende Knopp Verlag bewirbt zur Zeit Peter Duesberg. Der ist sich ganz sicher, dass Aids nicht von dem HI-Virus verursacht wird. Er führt die Erkrankung auf Drogenmissbrauch und Unterernährung zurück.[xxviii] Kurz: Die Ausländer sollen nicht so faul und schlampig sein. Stehen bestimmt keine Neokonservativen Interessen hinter: Wer müsste da noch humanitäre Hilfe leisten? Wer wird sich fragen, ob sein durch Wirtschaftskrieg finanzierter Luxuslebensstil anderswo verbrannte Erde hinterlässt? Dass ein „großer" Verlag sich dem hingibt ist für die Menschheit schon blamabel genug. Dass die amerikanische Semmelweis Society ihm den gleichnamigen Preis verlieh, würde den Ignatz im Grab rotieren lassen.

Neurastehenie für alle!

„Für jedes Problem gibt es eine Lösung, die einfach, sauber und falsch ist."
- Henry L. Mencken, US-amerikanischer Schriftsteller und Journalist,
Literaturkritiker, Kolumnist, Satiriker und genereller Scherzkeks

Der schlechteste Grund für so ziemlich alles ist Religion. Sie ist das Kondensat aller Zukunftsskepsis, allen unlogischen Ablehnens. Psychologisch: „Status Quo Bias".[xxix] Dem fällt zum Opfer wer ein Auto für 70000€ kauft, anschließend 80000 geboten bekommt, es aber nicht verkauft. Sicher hat er gute Gründe die beste Entscheidung seines Lebens getroffen zu haben und wird sie allen Freunden einleuchtend erklären. Zum Beispiel den Bestätigungsfehler (Confirmation Bias)[xxx]. Der bezeichnet in der Kognitionspsychologie die Neigung, Informationen so zu suchen, auszuwählen und zu interpretieren, dass diese die eigenen Erwartungen erfüllen. Alles voller fauler Asylanten hier. Unbewusst ausgeblendet werden dabei Informationen, die eigene Erwartungen widerlegen (Disconfirming Evidence). In der EU tragen Einwanderer im Schnitt 3000€ Jährlich mehr zu den Sozialsystemen *bei*, als Sie benötigen.[xxxi] Die betreffende Person unterliegt dann einer

Selbsttäuschung oder einem Selbstbetrug. Kurz: Pegida.

Es ist die moderne Version des Semmelweis-Reflexes. Schon die Ursache von Religionen ist sinnbefreit: Nach dem Muster nur bestehendes Anzunehmen, dürfte man nie eine Religion annehmen. Deshalb tun sich von Islam bis Christentum alle Religionen so schwer mit Sekten: Es gibt kein logisches Argument, dass Sie von Ihnen unterscheidet. Ein paar Verrückte sind genau so verrückt wie viele Verrückte.

Wenn Unsinn, dann richtig. Die Prognose des indischen Philosophieprofessors Rajneesh Candra Mohan, besser bekannt unter dem Namen Bhagwan: „Wer die bhagwaneske Lebensweise befolgt, wird hundert Jahre länger leben."[xxxii] „Bhagwaneske Lebensweise" bedeutete dabei eine Mischung aus Meditation, Handauflegen und, natürlich, Gruppensex. Kam ihm sicher nicht ungelegen. Aufgrund seines massiven Übergewichts und einer damit verbundenen Herzschwäche starb Bhagwan 1990 im Alter von nur 58 Jahren. Die Sekte verlustiert sich munter weiter an sich selbst. Widerlegte Argumente zählen für Technik- und Logikverweigerer nicht, aber es hilft sich zu vergegenwärtigen, an was für abstruses Zeug *Milliarden* von Menschen glauben:

Der Vorhaut eines nicht näher benannten Erlösers wird auf der Welt 15 Mal in goldenen Reliquien aufbewahrt, sieben Mal in Italien.[xxxiii] Merkwürdig, diese Fixierung auf ein so kleines Körperteil? Besser man trägt heilige Unterwäsche, denn die schützt vor bösen Gedanken, Feuer – und Projektilen.[xxxiv] Ein anderer Prophet flog aus Ermanglung an BMW 3ern auf einem Miniaturpferd mit einem Frauengesicht und Pfauenschwanz zwischen den Städten umher.[xxxv] Die Erdlinge sahen ihn, sollten aber ihr Gesicht verdecken, denn Bräune ist die Strafe Gottes. Vielleicht durften sie auch die Frau nicht sehen. Sie hat vermummt zu sein und darf ihre Stimme nie über den Mann erheben. Hat sie ihre Periode muss sie ab in die Ecke, wie der Hund, der sie ist.[xxxvi] Die haben noch Glück, Behinderte dürfen nicht mal beten.[xxxvii] Kinder haben es am ganz harten Ende, die Verstümmelung ihres Genitalbereichs ist Gott durch die Bank ein zentrales Anliegen. Auch beim Essen müssen sie vorsichtig sein. Lange Zeit steht nichts auf dem Tisch wenn die böse Sonne zusieht. Ein Milchglas und ein Schnitzelteller in der Spülmaschine kann ewige Verdammnis bedeuten. Und in den Himmel will man dringend. Je nach Religionswahl warten dort 72 Weintrauben (nein, keine Jungfrauen, das ist ein Übersetzungsfehler), oder 15 Kokosnüsse.[xxxviii] Es geht elitär zu, denn exakt 144.000 werden Zugelassen, der Rest kommt ab in den brennenden Restmüll.[xxxix] Egal wie viele geboren werden. Das kann unschön werden. Man badet ewig in siedendem Öl, wenn einen der Hunger packt isst man seine eigenen Kinder.[xl] Aber sonst ist Gott ein netter Kerl.

Und die halten Transhumanismus für unmöglich?

Wir Menschen haben furchtbar gerne Angst. Und wieso auch nicht? Dopamin ist was geiles. Andere Leute nehmen da Drogen für. Ängstlich sein ist zwar nicht gut, aber man fühlt sich immerhin unterhalten. Wer Angst hat weiß zumindest, was er nicht will. Das Dopamin überflutet unser Gehirn und überspringt den langsamen, abwägenden präfrontalen Kortex. Also die paar Millimeter, die uns gemeinhin zu Menschen machten. Wir werden zu Tieren. Das ist auch sinnvoll, denn als unsere Vorfahren in der Steinzeit von Mammuts angegriffen wurden, war nachzudenken nicht die richtige Überlebensstrategie. Da hieß es rennen. Das kommt heute aber leider nur noch selten vor. Und unsere Angst läuft Amok.

Angst ist nicht immer schlecht. Antizipierende Angst schafft vorausdenken, schafft das, was wir Zivilisation nennen. Aber diese Angst scheint nicht in Mode zu sein. Panik ist Mode. Das gepflegt geplagte Gesellschaftsbewusstsein kommt nicht mehr zur Ruhe: vor Wirtschaftskrisen, alles vernichtenden Seuchen, und jetzt auch Terminatoren. Neurasthenie für alle![xli] Reaktionärer Kulturpessimismus ist mal wieder in. Das hat schon im Fin de Siècle im Österreich des beginnenden 20. Jahrhunderts zu Spitzenresultaten geführt. Verträumt auf impressionistische Wasserleichen starren ist eine Sache, zwei Weltkriege eine andere.

Wieso könnte uns das nicht gepflegt am Arsch vorbei gehen? Wieso nicht ein schönes rotes Häuschen in Schweden kaufen und die Welt sich massakrieren lassen? Weil man selbst Teil der Welt ist, spätestens wenn es ans Sterben geht. Schweden wäre dennoch eine gute Wahl, denn Skandinavien funktioniert prächtig. 30% Sozialstaatsquote, auf einem guten Weg zum Sozialismus. Trotzdem brummt die Wirtschaft, die Leute sind glücklich wie sonst wo selten, außer wenn sie Flüchtlinge sehen.

Was ist das Kapital der Nordländer? Vertrauen. Und Vertrauen nicht nur als Wert, sondern als Verhaltensmodus. Wer vertraut, der kann kooperieren und schneller vorankommen. Nichts ist für den Fortschritt hinderlicher als jeden Schritt auf Sabotage gegenprüfen zu müssen. Nichts behindert die Wirtschaft mehr als geschlossene Grenzen. Was die Angst jetzt besonders in Europa zerstört, ist das Vertrauen, das Fortschritt möglich macht. Jeder der xenophoben Arschlöcher, die Frauen und Kinder zurück übers Mittelmeer schicken wollen, sollten sich mal ansehen wie gut Kooperation in Libyen, Syrien, und den anderen vom Westen zerbombten Ländern läuft.[xlii] Wir sind taktische Egoisten, wenn es um gemeinsame Vorteile geht. Wir sind kooperative Egoisten oder egoistische Kooperative, je nach Lage der Dinge. Was wir nicht sind, sind Adam Smithsche Homo

Oecnomikusse im Dauerwettkampf. RIP Guido Westerwelle.

Die Hälfte unserer Zellen begeht im Jahr Selbstmord.[xliii] Und du hast was gegen körperliche Veränderung? Das ist das niedliche Happy-Brain-Syndrom: Wir konstruieren unsere Erzählung genauso, dass wir nie aus der Komfortzone raus müssen.[xliv] Fakten fuck off. Es geht darum das Selbstwert- und Machtgefühl zu erhöhen. Lieber Briefmarken sammeln, kontrolliere deine kleine Welt. Die Apokalypse ist die Mauer im Kopf. Und Mauern schränken immer das Denken ein. Sie ordnen die Welt aber auch schön - von der SED bis zur CDU. Dann sind auch die inneren Konflikte nicht mehr so quälend. Am besten du machst das mit Erklärungen, die prinzipiell unwiderlegbar sind. Der Tod wird nie überwunden werden! Das ist zwar nicht unwiderlegbar, aber die Zeitspanne dafür ist großzügig genug, dass du dich eine halbe Ewigkeit wie der Klugscheißer fühlen kannst, der du bist. Gott ist auch ein bequemes nicht widerlegbares Argument. Klar ist er als Konzept affig, aber wie beweisen, dass es ihn nicht gibt? Immer schön agnostisch bleiben und nicht den Arsch in der Hose haben sich darüber kaputt zu lachen? Obwohl man diese Menschen, wenn sie nicht so verdammt viel Leid in der Welt anrichten würden, eigentlich trösten müsste. Sie kapitulieren vor der Angst vor der Vernichtung, vor der Angst dass niemand zuschaut. Sie wollen, dass man sich um sie kümmert, um ihre armselige, unbedeutende Existenz. Ist aber nicht.

Ein besonders krasser Fall war der einer Frau, die überzeugt war Terroristen würden sie in ihrer Wohnung töten, sobald sie aufschlösse. Sie kehrte auf dem Absatz um und zog ins Hotel. Völlig verrückt? Nur bedingt. Jetzt hatte sie jemanden, der sich um sie kümmerte, der an sie dachte: den Terroristen. Paranoia ist besser als die vollendete Indifferenz.[xlv]

„Religion is Money", aber nicht nur

Das Schockierende ist: Das ist kein Randphänomen. 54% der Menschen folgen abrahamitischen Religionen (Juden, Christen, Muslime). Das sind 3,8 Milliarden Menschen in geistiger Umnachtung. Atheisten dümpeln zwischen 8% und 2%, die meisten davon in Ostasien. Es ist amtlich: Diese Welt ist voll von Verrückten.

Gott herbei zu sehnen wie den perfekten Liebhaber, ist verständlich. Niemand will einsam sein, niemand will sterben. Dass wir das bisher mussten, ist schwer auszuhalten. Der brachiale Komiker Doug Stanhope dazu: „Life is like animal porn, it's not for everyone.".[xlvi] Aber Gott ist nicht Ken, sondern der dicke fette Alki im Feinrippunterhemd um die Ecke. Ein frustriertes Schwein, dass die Welt schlechter als besser macht. Natürlich - denn er ist nach unserem Bild geschaffen. Aber *er* meint es gut? Bringt seine Flaschen runter? Die Samariter helfen Obdachlosen und armen Altchen, denen an der Supermarktkasse keiner mehr zuhört? Bullshit, die Kirche staubt jedes Jahr allein in Deutschland ca. 15 Milliarden Euro an Subventionen ab.[xlvii] Nicht aus der "Kirchensteuer", sondern indirekt von allen normalen Steuerzahlern, die dezidiert nichts mit dem Kondome verbietenden und tendenziell viel zu intimpädagogischen katholischen Version zu tun haben wollen. Die Trennung von Staat und Kirche? Wo Frankreich schon 1779 war steckt die BRD noch 2015 fest.

Eine Religionsmutant ist Scientology. Von genozidären galaktischen Bösewichten, über Raumschiffen in zufällig der Form von Flugzeugen der 1970er, der Entstehungszeit Scientologys, bis zu eingefrorenen Seen in den Vulkanen Hawaiis: Die Erschaffungsgeschichte Scientologys erfüllt alle Anforderungen an einen Science Ficition Roman - weil sie einer ist.[xlviii] Ihr Gründer L.Ron-Hubbard fand keinen Verleger. Er wählte die amerikanischste aller Geschäftsvarianten: Er gründete einfach seine eigene Kirche. So viel Geld und Ruhm hätte er als Autor niemals einfahren können. Und so viel Steuern sparen auch nicht.

Die Motive für Wissenschaftsskepsis sind zahlreicher, als sich Lady Mallowane Dame Agatha Mary Clarissa Christie hätte ausdenken können: Purer Konservativismus. Standesdünkel. Persönliche Kränkung. Gier. Klimaskeptiker sind die schlechtesten Leugner. Emotionen sind von rationalen Argumenten und Erkenntnissen nur schwer trennbar: Im Verhandlungsratgebern wie dem „Harvard-Prinzip" lernt man Argumentation nicht in persönliche Stellungskämpfe abdriften zu lassen. Natürlich kann man gegenteilig genau das als Manipulationsansatz nutzen: Willkommen bei den Rhetorikern. Nur wenige Klimaleugner sind so tollpatschig wie der Senator Jim Inhofe aus Oklahoma, der im US-Senat einen Schneeball als Beweis gegen die Klimaerwärmung warf. Die überwiegende Mehrzahl wird von verschmutzenden Industrien geschmiert. „Falls ich morgen ein Institut zur Bekämpfung der öffentlichen Gesundheitsgefährdung durch Igelbisse gründe und dieses Institut mit zehn Planstellen ausrüste, dann werde ich jedes Jahr eine Studie bekommen, die vor der wachsenden Gefahr durch aggressive Igel warnt. Alles andere wäre ja auch ziemlich dumm von den Mitarbeitern des Institutes."[xlix] Und in der Regel gilt, dass diese dubiosen Institute oder "Glaubenssysteme" wirkungsmächtig sind, so lange entsprechende Institutionen oder Organisationen ein virulentes Interesse an einer derartigen Ideologie haben. Oder bis eine bessere Gegentheorie vorliegt. Im Amerikanischen sagt man hinter vorgehaltener Hand: „Relgion is money".

Der Transhumanismus bereitet einer Menge mächtiger Leute Kopfschmerzen. Die großen Religionen waren ja deshalb so erfolgreich, weil sie Umverteilungsmechanismen schufen. Der

Islamische Staat im Irak und Syrien (IS) ist in erster Linie ein Ausdruck der Unzufriedenheit der Einwohner[1]. Mit fortschreitender Technik und einer Politik, die nicht nur den Eliten die Füße wäscht, würde die soziale Notwendigkeit von Religionen wegfallen. Ebenso wie wir heute in den meisten Ländern nicht mehr Frauen verschleiern müssen, damit sie nicht vergewaltigt werden.

Logik verlernen

„Ich musste es glauben, um es zu sehen."

- Marshall McLuhan

„To kick a dead horse in its face", würden Engländer das Argumentieren Religiösen nennen: Einen Besiegten besiegen. Für alle, die nicht an Märchen glauben, soll das verständliche Bedürfnis nach Ewigkeit auf das gelenkt werden, was es im Gegensatz zu Räucherkerzen und Vorhautreliquien wenigstens potentiell verwirklichen könnte: Technik. Die Materie gewordene Logik. Religion ist wie ein veraltetes Werkzeug, ein dreitausend Jahre alter Löffel. In einer Zeit, in der Züge magnetisch fahren, Handys laotisch simultan übersetzen und Regen mit Silberraketen weggeschlossen wird noch zu „glauben", ist sich auf den geistigen Stand eines Urmenschen zu begeben. Es ist ein archaisches Bedürfnis. Nicht sterben, schön und gut. Aber man muss mehr tun als zu hoffen, ihr faulen Säcke.

Wer logisch denken kann ist gegenüber Steinen im Vorteil. Pegida, Impfgegner, Sekten: Bullshit entsteht weil Menschen etwas ohne Grund annehmen. Egal ob das Ausländerschwemme, Gott oder der Waldgeist als „Begründung herhalten müssen". Logisches Denken bedeutet, nur mit dem zu rechnen, was existiert. Der Grund für alles ist die Welt wie wir sie erfahren. Ob Götter mit unserer Galaxie Murmeln spielen ist egal hoch 20: Wir werden es nie erfahren. Nie erfahren können: Woher würden wir wissen, dass Gottes Privataudienz, die im Vorbeigehen alles aufklärt, keine Halluzination ist? Komischerweise wird Gott andauernd gesichtet und hinterlässt kein kohärentes Muster, außer den Bedürfnissen der „Erleuchteten". Occhams Messer bedeutet: Unmöglich beantwortbare Fragen zu stellen ist sinnlos. Falls es Gott gibt: schön. Oder Schrecklich. Aber vor allem scheißegal. Das Leben ist erschreckend kurz und es gibt weit Wichtigeres.

Die Wissenschaft ist auf dem Schulhof der Nerd, kaum ist ein Bully weg, steht der nächste vor ihr. Subjektivimus. Natürlich ist die Welt für jeden durch individuelle Sinneseindrücke anders. 1993 waren „Postmodernisten" der letzte Schrei, echt fetzig. Sie können einem Identität, Präsenz und

Worte dekonstruieren bevor man sie aussprechen kann. Der kauzige Philosoph Moore hielt ihnen einen genial stupiden Weltbeweis entgegen: Ich sehe meine Hände vor mir.[li] Modern gesprochen: Selbst wenn die Welt eine Matrix ist, ist das egal: Es ist die einzige mit der wir arbeiten können. Und das Steak schmeckt vorzüglich.

Der Zweite Fehler ist Unwissenschaftlichkeit. Homöopathie, Horoskope und die Bildzeitung haben nicht den gleichen Wert wie Wissenschaft. Seit tausenden von Jahren sitzen viel klügere Leute als man selbst auf dem Hosenboden, experimentieren, diskutieren, und schaffen das, was die Menschheit bisher voran gebracht hat: Technischen Fortschritt. Wer meint klüger als die alle zusammen zu sein, nur weil er auf Youtube die Doku eines aufmerksamkeitssüchtigen türkischen Professors zu freier Energie gesehen hat, hat das Denken verlernt.[lii] Und ist ein arrogantes Arschloch. Wissenschaftliche Thesen sind öffentlich und werden im peer-review diskutiert. Klar wird es immer Spinner geben, die die Existenz von Strom, Atomen und Tigerlatschen leugnen. Doch die überwiegende Mehrheit wird sich auf das einigen können, was ziemlich aus der Mode gekommen Wahrheit heißt.

Wem das zu gestelzt ist und wer behauptet lieber auf „sein Herz", „die Natur", „den Diskurs" oder „Vishnu" zu hören, ist herzlich eingeladen die nächste Straße nicht mit einem Blick nach rechts und links (der wissenschaftlichen Methode), sondern blind nach Intuition zu überqueren. Stephen Hawking wird keine Blumen zur Beerdigung schicken.

Auch wenn es nicht so scheint: In keiner früheren Zivilisationsepoche war popularisiertes wissenschaftliches Wissen weiter verbreitet als heute.[liii] In keiner gab es weniger Kriege, bestimmt ist da kein Zusammenhang. Trotzdem misstrauen wir zunehmend mehr der Forschung. Wieso? Je mehr Komplexität es gibt, desto schwerer werden eindeutige Urteile – auch bei Experten. Es ist naheliegend, dass der Laie somit seine Zustimmung verweigert. Wer sich nicht blamieren will hält die Fresse – oder ist gegen alles. Wenn man nur genügend Sicherheit braucht, kann Anti auch ein Gott sein. So entstanden mit einer groben Priese sozialer Ungleichheit und Unbildung Impfgegner, Pegida und ISIS. Dabei handelt es sich um eine kognitive Realitätsverzerrung: Der Irrtum als Schuld. Falsch liegen ist nicht strafbar, Hawking wartet nicht mit dem Gürtel um die Ecke. Sich bilden heißt auch scheitern, noch sind wir keine Programme. Schuldgefühle sind was für Soaps. Vor allem: Transhumanismus bietet eine neue Perspektive dem Weltgeschehen einen Sinn zu geben, der nicht erfunden werden muss.

Nichts ist unmöglich. Eine kleine Geschichte des Jetzt

Wenn man sich traut die Zukunft anzupacken, muss man sich erst mal einen Überblick verschaffen. Und siehe da, sie ist schon da. Das Meiste, was die Leute für Cyberspace halten, existiert schon. Um die Ecke.

Treffen I - Die letzte Subkultur

Nobody exists on purpose. Nobody belongs anywhere. We are all gonna die. Come watch TV.

> - Rick and Morty

Das kann so nicht weitergehen. Einfach vor sich hin leben und irgendwann verrecken wie eine Ratte. Nur leben, weil das Leben umsonst ist? Ein Bonus, ein Leben wie ein Sonderangebot? Ich bin 65kg Hack? Da muss doch was zu machen sein, man kann nicht das ganze Leben Fernsehen. So gut ist das Programm nicht. Früher hatte man Hass gegen den Staat, die Bullen, die da oben. Steine schmeißen, Mülltonnen anzünden, schön dem Benz den Spiegel abtreten. Der Zweck war gerecht, man war voller Hass und dem System der Feind. Mittlerweile hat man vor dem System ein Stück kapituliert. Wenn die Leute sich wie Schweine verhalten und das Kapitalismus nennen wollen, lass sie doch. Man steht im Leben. Man muss jetzt nicht unbedingt in den nächsten zwei Tagen einen Bombenanschlag verüben. Aber verrecken auch nicht. Besonders verrecken nicht.

Wie fängt man an? Mit einem Wort. Wer ist dieser Transhumanismus? Das klingt nach Science-Fiction, Robotern, für jeden über 40 wahrscheinlich furchtbar. Für mich interessant. Den Mensch mit Technik aus seiner Biologie retten. Wieso nicht? Wenn man dann nicht mehr sterben muss?

Sicher ist das eine ziemliche Nische. Was, in den USA gibt es einen Präsidentschaftskandidaten? Und der trägt einen Namen wie aus per Anhalter durch die Galaxis? Zoltan Istvan.[liv] Der fährt mit einem riesigen Sarg durch die Landschaft und macht auf das größte Tabu unserer Zeit aufmerksam: Den Tod. Mittlerweile kann man sich gendertechnisch als Huhn definieren, seine eigene Schwester vögeln, ja leider sogar den Holocaust leugnen und das stößt vielen nicht mehr auf. Aber nicht sterben wollen? Den meisten, die man fragt, geht da richtig der Hut hoch. Blanker Hass. Schön im

Loft in Berlin-Kreuzberg, gekauft natürlich, bei metakultivierten Freunden. Eine Flasche Rotwein, man gönnt sich ja sonst nichts. Alles klinisch sauber, nach jedem Wasserspritzer wird gewischt. Nach einer Stunde wird man regelrecht angeschrien. Eine Schweizerin kann sich das nicht vorstellen. Ein schwuler Kommunist vermutet, man müsste nur mal richtig umarmt werden. Transhumanismus ist die neue Ketzerei. Und die spannendste Subkultur in der Hauptstadt. Die letzte Subkultur.

Transhumanisten treffen sich nicht in gammligen Kellern und verrauchten Bars. Das erste Treffen ist in einem Cafe in Mitte, Grenze Prenzlauer Berg. Eine Gegend, die schon fast so steril ist wie das Innere der Enterprise. Trotz pädagogischen Farben wirken die sanierten Fassaden kalt, Autos wie Panzer für Komplexe, Kinderwagen im Wert von Eigentumswohnungen in Braunschweig. Hier soll die Revolution starten?

Das Cafe ist eine einzige Küche. Die Kellnerinnen verstehen kein Deutsch, können dafür aber umso besser in scherzhaft schrillem Amerikanisch stundenlang skypen. Preiselbeeren im Wasser, der Kaffee ist deprimierend lauwarm. Was soll das für ein Design sein, „ein Hauch von Bittermandel?" Hier schreit alles nach einer sterbenden Aristokratie. Nur bio, Projektieren und Privatschule schafft noch keinen Lebenssinn. Im Grunde seid ihr Ratten.

Da sitzen die Kryoniker. Das sind Leute, die sich nach dem Tod einfrieren lassen wollen, um danach vielleicht wieder aufgetaut zu werden. Lebende Tiefkühlpizzas. Oder Frösche. Oder neulich Kaninchengehirne.[lv] Mit jedem Tag wird Ihr Vorhaben weniger lächerlich. Was nicht heißt, dass die meisten es nicht kategorisch ausschließen. Wieso auch nicht? Menschen glauben ja gerne an völlig absurde Geister von Karma bis Chemtrails, aber nicht an das, was direkt vor ihrer Nase liegt. Hologramme, 3D-Drucker und selbstfahrende Autos waren vor eins, zwei Jahren noch Teufelszeug.

Alles alte Knacker, kurz vor dem abnippeln? Nö, kaum einer. Die Knacker sind schon so verkalkt und konservativ, dass Kryonik für sie überhaupt nicht infrage kommt. Lieber stur sterben. Die ältesten sind um die 50. 30, 40-jährige sind dabei und sogar einige Studenten. Weniger so mit Rastas und Sandalen, sondern eher der zurückhaltende angegothte Typ. Das waren noch Zeiten, als Depression genug Sinn war! Die älteren sind auch nicht gerade Punker, eher Wissenschaftler. Informatiker, Biotechniker, und vereinzelt ein paar Unternehmer. Jeder hat sein kleines Portfolio aus Nebenmotiven, in der K-Gruppe wären die schon lange geviertelt worden. Doch alle haben zusammen das unerhörte Bedürfnis nicht zu sterben – und das eint sie.

Sie labern nicht rum, wir sind hier nicht in der Uni. Einige haben schon „den Vertrag" gemacht. Mit Alcor in Kalifornien, für das Einfrieren nach dem Tod. Alles Millionäre? Würde einen hier nicht wundern. Aber das kostet weniger als dein imaginärer Sportverein, du faule Sau, 30 € im Monat. Klar, nach dem Tod muss noch mal ein Batzen Geld rüber geschoben werden, aber das ist dann ja nicht mehr deine Sorge, oder? Es ist schon abgefahren, die ersten Leute in Deutschland zu sehen, die die Weichen für die Unsterblichkeit gestellt haben. Noch niemand wurde in Deutschland offiziell kryonisiert. Man munkelt ein Freak habe es sich zu Hause im Keller selbst besorgen lassen, zwischen Dosenfleisch und Kartoffeln. Bei allen anderen wird der kryonische Krankenwagen aus Holland und oder Großbritannien vorbeikommen, und ein Typ von Alcor aus den USA einfliegen. Klappt doch nie?

Und wie. Viele die hier sitzen sind nicht nur passiv, sondern auch aktiv dabei. Kein Rumlabern, die machen das selber. Wenn du verreckst kommen die und tauschen Blut gegen Kühlflüssigkeit aus. Kooperieren mit den Ärzten bis der Staat dich offiziell als tot anerkennt und aus der Obhut entlässt (was schon mal ein paar Stunden dauern kann, dem ist es nicht eilig). Götter in North Face.

Danach geht es noch auf ein Getränk ab in ein unverschämt teures Restaurant in der Nähe. 5 Euro für ein Bier kann man nur in einer Stadt verlangen, die schon lange zum Museum geworden ist. Und dann alles auf sowjetschick, hihi. Stalin hätte die alle hinrichten lassen. Zu Recht. Höchststrafe: Ohne kryonische Lagerung. Kryoniker Trinken wenigstens. Leberschaden? Wird in der Zukunft weggelasert. Nanobots reparieren die Zellen. Oder es gibt gleich einen Ersatzkörper, 65% George Clooney, 34% Johnny Depp, 1% Tom Selleck für den Bart.

Nach ein, zwei Bier kommt das Gespräch auf Politik. Eine Blaupause für Streit. Das Problem ist, dass die Schafe da draußen alle d'accord mit dem Verrecken sind. Sollte man die nicht aufwecken? Transhumanismus bekannter machen, damit sich endlich eine positivere Einstellung entwickeln kann? Die Meinungen spreizen bis jetzt auseinander wie Gina Wilds Schenkel. Einige können die frohe Botschaft gar nicht weit genug raus posaunen. Sie hoffen endlich den Grabenkampf zwischen links und rechts, zwischen Kapitalismus und Kommunismus zu entschärfen. Andere wollen nur forschen, Unternehmen gründen, Stiftungen ins Leben rufen. Fakten schaffen, Politik ist nur Gerede. Zoltan Istvans Publicity Stunts finden die meisten zu dolle. Deutsche eben, Angstis. Sollte man polarisieren, um Aufmerksamkeit zu bekommen? Oder schreckt dass die große Mehrheit ab? Als die Diskussion hitziger wird fangen einige Nerds fast an zu weinen. Hitlervergleiche gehen ja gar nicht. Und da hinten im Raum essen Leute, die haben schließlich 40 € für ihre mickrigen Süßkartoffelpommes bezahlt. Soziale Skills wie im Kindergarten, Selbstvertrauen wie im

Nichtschwimmerbecken. Wenn selbst Leute, die so wenig Spaß im Leben haben, die Möglichkeit haben wollen unsterblich zu werden, sollte das für die ganzen Player umso mehr gelten.

Die neuen 90er

Some problems will suddenly move from "impossible" to "obvious".
—E LIEZER S. Y

Turn up the Volume: Wir sind ein Stück weit wieder in den neuen Neunzigern. Damals schuf das Internet eine neue Logik der Vernetzung. Mehr Demokratie, mehr Teilhabe, mehr Wertschöpfung war möglich. Fortschritt sollte als Wissen, nicht als Triumph über den anderen bestehen. Der Klassenkampf und die rechts-links Debatten sollten sich in Kooperation und Kreativität auflösen. Der Ostblock war zusammengebrochen, das Zeitalter der Ideologien war zu Ende - scheinbar. Zu Ecstasy geschwängerten Dancefloorkeyboardklängen waren alle optimistisch wie ADHS-Kinder. Bis der DotCom-Crash sie hinwegraffte wie das Heroin Christiane F.

Aber sie hatten recht. Logisch stimmte alles von vorne bis hinten. Nur ein Fehler war im System: das System. Aus der Informationsfreiheit wurde Informationskapitalismus. Denn Schade: Kapitalismus ist eine Ideologie. Schön kreative Sessions im Startup statt Hierarchie schön oben und unten? Das ist kein Fortschritt, das ist eine produktivere Art Gewinn zu machen. Das Alter Ego ist ein Spiel, jeder gegen jeden, nur mit einer netteren Fratze. Konkurrenz war immer noch das Leitprinzip, aus den vielen kleinen Ellenbogen sollte was Gutes entstehen. Wie immer, wenn Neid, Gier und Missgunst die Gesellschaft dominieren. John Updike sagte es ist unmöglich jemanden von etwas zu überzeugen, wenn er dafür bezahlt wird, es nicht zu verstehen. Und so wie das Schweinesystem uns gerade so bei dem Trögen hält, ist das Letzte, was wir verstehen wollen, dass Konkurrenz nicht nötig ist. Das Einzige, was beschissener ist als das Wenige, was du hast - ist nichts.

Mittlerweile haben wir so grotesk viele Ressourcen, dass selbst den letzten Herzblutkapitalisten auffällt, dass es eine Schande ist Dreiviertel der Menschheit darben zu lassen. Nahrungsmittelsicherheit, Strom, Internet – und die Möglichkeit sein Leben zu verlängern, sind

Menschenrechte. Da werden einige Startups pleitegehen. Und die Menschheit voran kommen.

Das tut sie erstaunlicherweise schon jetzt, trotz Ressourcen bindendem Großkapital, wahnwitzigem Spekulationskapitalismus und einem Patentrecht, das Gift für die Forschung ist. Zukunft lässt sich nicht per anwaltlicher Verfügung abschaffen.

Transhumanismus jetzt

„Das kannst du noch nicht sagen!" Der kleingeistige Dauerbrenner übersetzt in: Das sollst du nicht denken. Gedacht wird aber schon lange, viel weiter in jede Richtung als es Angstfetischisten lieb ist. Ob Morus „Utopia" im tiefsten Mittelalter, Orson Welles' Radio-Hörspiel „War of the Worlds", das 1938 im Hillbilly-Midwest Panik auslöste, bis zu erwachsenen Nerds in Startrek-Cosplay: Menschen konnten sich die Zukunft zu allen Zeiten phantasievoll ausmalen. Nur wenn sie Wirklichkeit werden soll, scheinen sie Probleme zu haben. Seit dem späten 20. Jahrhundert entwickelt sich der technische Fortschritt jedoch so schnell, dass nicht nur die Neinsager abgehängt werden. Selbst die kühnsten Prognosen werden überholt. Was nicht sein darf, ist nicht: Was existiert wird ausgeblendet. „Nichts ist unmöglich"? Toyota predigt das schon lange.

Das hier wird nur ein kurzer Überblick über das, was es hier und jetzt gibt. Wenn das Buch erscheint wird das eiskalter Kaffee sein, und andere Nerds haben es besser beschrieben. Im Anhang ist eine Liste für alle, die nicht blind in die Zukunft stolpern wollen. Und da spielt eins ganz vorne mit:

Transhumanismus? Nein, nicht Transvestit. Die Hälfte der Menschheit hat schon mitten im Wort drei Mal Tinder aktualisiert. Wie wäre es mit: Nicht sterben? Egal wie viele Tweets, Euros, Emoticons das Leben bringt: Am Ende ist Schluss.

Wir denken nicht an den Tod, weil er nicht zu ändern, und nicht zu (ver-) kaufen ist. Aber wir sollten. Der Tod stört dich nur wegen dem Schmerz? Geh sterben du dreckiger Lügner. Du glaubst an Märchen von Jesus und Allah? Bevor die dich ewig leben lassen wirst du von Slimfast dünn. Ist der Tod also so alternativlos wie noch eine Ewigkeit Merkel?

Nein: Das Undenkbare wird denkbar. 2014 Gründete sich in den USA die Transhumanistische Partei mit dem Motto: Schafft den Tod ab! Selbst Dunkeldeutschland zog ein Jahr später nach, die Idee boomt. Wer noch Zweifel hatte: Selbst Christina Aguilera und Tokio Hotel zeigen sich auf ihren neuen Albumcovers von „Biotic" und „Humanoid" als unsterbliche Menschmaschine, Johnny Depp stottert sich durch den Kinofilm *Transcendence* als ewiger Geist in der Matrix.

Der gruselige Firmenriese Google startete schon 2013 das millionenschwere Projekt "Endet das Altern und den Tod".[lvi] 140 Jahre alt werden? Kein Problem, sagt niemand geringeres als Larry Page, der König von Google. Robotersoldaten, Glassolarzellen, sich einfrieren lassen: Futurama ist Realität. Ganz ohne Hokuspokus könnte Technik die Versprechen der Religion wahr machen.

Und noch mehr: Während Politiker streiten und das Wahlvolk verbittert könnte er kleine Problemchen wie Umweltverschmutzung, Kriege und Armut lösen. Denn es wird Zeit. 21.000 Menschen sterben täglich an Hunger.[lvii] Wer die Zukunft als seine eigene wahrnimmt, handelt verantwortlich. Die Frage ist nicht ob der Transhumanismus kommt, sondern wann.

Wir sind schon lange Transhumanisten. Jeder, der mit 30 nicht an einer Infektion stirbt, ist Transhumanist. Jeder, der seine Angst überwunden hat und zum Zahnarzt gegangen ist. Jeder, der für seine Notizen ein Smartphone benutzt. Und wir haben schon unchristlich früh mit dem optimieren angefangen. 40.000 Jahre ist es her, da klopfte ein gelangweilter schwäbischer Urmensch in Hohlenstein Stadel die erste zoomorphische Figur aus dem Fels: Der urschwäbische Frankenstein fand Menschen sollten Löwenköpfe haben.[lviii] Was waren Tiere damals anderes als dem Menschen technisch überlegene Organismen? Ohne menschliche Technik geht das als die früheste bekannte transhumanistische Vision durch. So produktiv sind die Leute ohne Twitter.

Abgesehen von geistigen Höhenflügen pimpten Urmenschen beim ganz alltäglichen Kampf ums Überleben ihren Körper. Felle hielten sie warm, Leder ihre Füße zusammen, Zahnketten machten sie sexy. Selbst Tarzan hatte Latz. Jane auch. Körperfremde Hilfen bastelten sich schon die alten Ägypter vor 2600 Jahren: Die Aristokratin Tabeketenmut war mit ihrer Zehenprothese die standfesteste Frau im Schatten der Pyramiden.[lix] Und der erste ägyptische Cyborg.

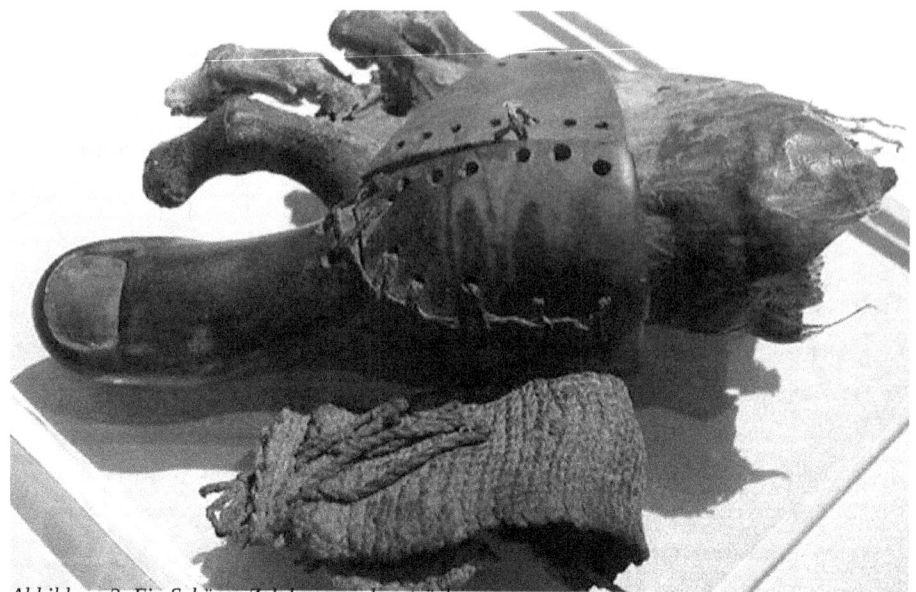

Abbildung 2: Ein Schöner Zeh kann auch entzücken.

„Body Hacking" begann vor tausenden von Jahren, doch es sollte bis in die frühe Neuzeit dauern, bis Scharlatane das ganze Potential erkannten. Einer davon war Hr. Nichtdoktor Brinkley. So ablehnend die meisten technischem Fortschritt gegenüber stehen, so sehr werfen sie sich in noch so hirnrissige Experimente, wenn das Resultat verlockend ist. Xenotransplantation war im 19. Jahrhundert der letzte Schrei bei denen, die Viagra gebraucht hätten. Esel- oder Ziegentestikel wurden Männern eingepflanzt, in der Hoffnung sie würden neben Erektionsschwäche auch das Altern verhindern. Der Wille war schon lange da, doch das Fleisch war schwach. Und faulte ab. Bestenfalls, einige fingen sich auch Infektionen ein und konnten mit einem Fußballgroßen Eiterball zwischen den Beinen versuchen zum Herrn Doktor zu humpeln. Doch da hatte sich Brinkley schon lange auf seine drei Yachten und seine Villa (mit Neonleuchtschild) zurück gezogen.[lx]

„Wer wagt, durch das Reich der Träume zu schreiten, gelangt zur Wahrheit.
Des Menschen Wille ist ein gebrechliches Ding,
oft knickt ihn ein daherziehendes Lüftchen."[lxi]

Wer die Schule noch in Zeiten von Faktenhämmern besucht hat, wird sich an E.T.A Hoffman erinnern. So geschwollen der Romantiker war: Recht hatte er. Sein „Sandmann" ist ein delirierendes Drama um eine Menschmaschine. Heute würde man sagen: einen Avatar. Er ahnte, dass es in Zukunft schwer werden würde, das Echte im Menschen zu finden. 250 Jahre vor dem Kinoerfolg

Her, in dem sich ein Mensch in ein Programm verliebt.

Bevor Computer so zart waren zerstörten sie Pappfelsen: Der Terminator war in den 80ern der Inbegriff der Zukunft. Natürlich als Negativ. Die Zuschauer hatten Angst, so reagieren Menschen auf Neues. Doch die Idee blieb hängen: Das Zeitalter von „Turbo" und Fönfrisuren war angebrochen und hatte nicht vor die Zukunft in der Vergangenheit zu suchen.

Fast Forward ins VIVA-Zeitalter: In den 90ern zeigte „Jurassic-Park", was zwanzig Jahre später diskutiert wird. Also jetzt. Nicht *können wir*, sondern *sollen wir* ist die Frage. Ob das arme Wollmammut geklont werden will fragt keiner. Seine arktischen Graslandschaften gibt es nicht mehr, es wird sein Dasein alleine im Zoo fristen müssen.

Ende der 90er wechselte der Zeitgeist von Filmen zu Serien. Eine war und ist Futurama, die upgegradete Simpsonsversion. Wer Futurama kennt, kennt Transhumanismus. Kryonik, Körper einfrieren, mit dem Großvater als Hologramm plaudern passiert im Vorbeigehen. Antiheld Fry nimmt es locker in einer fernen Zukunft aufzuwachsen. Die meisten Menschen denken für sie wäre das der Horror. Wie für ein Kind ein neuer Kindergarten oder für einen Dörfler der Umzug ins Nachbardorf. Die Leute sind so faul und angstzerfressen, dass sie das ewige Nichts dem Anpassen vorziehen. Und die wettern gegen Flüchtlinge.

Bender ist Frys bester Kumpel: Ein saufender, rauchender, (elektro-)rumhurender Roboter, der menschlicher daherkommt als alle anderen Figuren. Droht Fry zu sterben zaubert ein „Professor" eine Reparatur für seinen Fleischkörper aus dem Baukasten: Fry ist Cyborg auf Abruf. Und wo die Handlung zu absurd wird, ist alles nur eine Simulation gewesen: Die Singularität ist erreicht. Mit Frys Worten:

Leela: „Fry, du vergeudest dein Leben, wenn du immer nur vor dem Fernseher hockst. Geh vor die Tür und sieh dir die echte Welt an."
Fry: „Aber der Apparat hat HDTV, der hat 'ne viel bessere Auflösung als die echte Welt!"[lxii]

Ohne den Sarkasmus: Das „Bessere als die Welt" versuchen wir Menschen schon zu erreichen, seit die Zeit erfunden wurde. Sie ist für uns so normal wie ein seriendurchtränkter Vorabend. Manches was wir uns vorstellen ist abstrus, doch technisch folgt die Entwicklung der Idee.

Wie wird die Zukunft aussehen? Schwer zu sagen. Viellicht ist Sie aber nicht so anders, wie als jetzt. Wie ist das im Werkzeuggeschäft? Hämmer und Bohrmaschinen? So viel hat sich da seid 5 Millionen Jahren nicht geändert. Und es werden zweieinhalb mal so viele Fahrräder wie Autos auf der Welt produziert. Damit sind sie das dominante Verkehrsmittel unserer Zeit. Deine Schuhe sind in der Herstellung nicht viel anders als die von Ötzi. Das nennt man den Lindy-Effekt.[lxiii] Was schon lange existiert, wird auch noch lange existieren. Hoffentlich gilt das auch für den Menschen.

Natürlich schlecht

„Der Transhumanismus wird zunehmend zur neuen, gefährlichen Weltreligion der Umweltzerstörung und des Neoliberalismus. Die Umweltbewegung sollte sich stärker mit dieser zutiefst inhumanen Ideologie auseinander setzen."

- *Axel Mayer, BUND-Geschäftsführer*

Jetzt gut hinsetzen und an der Armlehne fest halten: Es gibt ein Problem, über das die meisten nicht hinwegkommen: Die Natur. Die Natur ist nichts Schlechtes, an sich. Sie ist neutral, aber um ihrer selbst willen erhaltenswert. Nicht nur, um die nächsten superresistenten Keime mit einem Wirkstoff aus dem tiefsten Amazonasurwald zu bekämpfen, sondern weil sie uns hervor gebracht hat. Frei ist sie jedoch schon lange nicht mehr: Die Natur ist nichts als ein Haustier, das wir gut behandeln sollten.

Das Gleiche werden Computer einst über uns sagen.

Transhumanisten schlägt oft die volle Wucht heißer Dampf von „(Anarcho)-Primitivisten" entgegen. Der Unabomber war einer davon, nachdem man ihm in den 60ern mit Fukushimadosen LSD das Gehirn frittiert hat.[lxiv] Axel Mayer vom eigentlich sehr unterstützenswerten BUND ein anderer. Der kann sich nicht vorstellen, dass Fortschritt und Umweltschutz nicht nur zusammen gehen können, sondern müssen. Was nützt einem eine gute Technik auf einem verbrannten Haufen Felsen ohne Ozonschicht? Nicht weniger borniert sind die Herren Naturverehrer. Sie sagen: Die Natur ist perfekt, ein Ideal. Sie zu verändern ist Frevel. Trotzdem gehen sie munter in den Bodyshop oder ins Reformhaus, putzen sich jeden Morgen ganz unnatürlich die Zähne, schalten Abends das elektrische Licht ein und würden garantiert den letzten Massai nach Castrop-Rauxel zwangsumsiedeln lassen, wenn ihnen das ein rettendes Antibiotikum auf dem Sterbebett beschaffen würde.

Für Anarchoprimitivisten liegt die Zukunft nicht mehr im Ideal einer von technischen Zwängen befreiten Gesellschaft. Sie liegt in der Vergangenheit, in einer imaginären. Zelda gefällt das. Das Argument ist fast schon von anmutender Hässlichkeit. Die Vergangenheit sollte so sein, wie das Mittelalter nicht ausgesehen hat. Oder die Steinzeit. Wie Indianer in Kinderfilmen leben. Ohne betäubungslose Zahnoperationen, ohne Tetanustod nach einem Splitter, ohne von Hautkrankheiten entstellten Gesichtern und Geschlechtern. Sowie der gescheiterte Klassenkampf 68 in den Rückzug aufs Land mündete. Im Grunde leiden Anarchoprimitivisten unter einer bazisstischen Störung. Fick dich Welt, wir brauchen dich nicht. Wir sind uns alleine genug. Was sagt ein spiritueller Rationalist dazu, Albert Einstein?

„Wenn wir unser Leben und unsere Bemühungen Revue passieren lassen, können wir beobachten, dass alle unsere Handlungen und Wünsche mit der Existenz anderer verbunden sind. Wir essen Nahrung, die andere produziert haben, tragen Kleider, die andere machten, leben in Häusern, die andere bauten. Das Allermeiste dessen, was wir wissen, wurde uns von anderen Menschen über Sprache vermittelt. Das Individuum, allein gelassen von Geburt, würde vollkommen primitiv bleiben müssen in seinen Gedanken und Gefühlen - in einem Ausmaß, dass wir uns kaum vorstellen können."[lxv]

Recht hat er, wenn er sagt, dass wir uns um unsere Angst zu überwinden in riskante Abhängigkeiten begeben müssen. Damit es auch der letzte BWLer versteht: Kein Return ohne Investment.

Die Natur bringt die dauerentzündeten Mandeln im menschlichen Hals hervor. Den explosionsfreudigen Blinddarm. Siamesische Zwillinge. Frank Lentini war einer, wenn auch undercover. Seine Eltern lehnten es ab, ihn als Kind aufzuziehen. Er war offenbar als siamesischer Zwilling mit einem nur teilweise entwickelten parasitischen Bruder geboren. Ihn zierten drei verschieden lange Beine, einen rudimentären vierten Fuß und zwei Geschlechtsorgane. Immerhin wurde er nicht gleich ins Lager geschickt: Er durfte sein Leben aus Zirkusattraktion fristen. Das hätte der Natur bestimmt gefallen.[lxvi]

Selbst die tierischen Lieblinge der Menschen würden in den Intensivtätertrakt gehören. Delphine, mit die intelligentesten Tiere, nutzen ihre Fähigkeiten wofür? Sie vergewaltigen in Gruppen ihre Weibchen.[lxvii] Je niedlicher, desto grausamer: Amundsen brachte 1910 die Aufzeichnungen seiner Expedition zum Südpol mit, als er die ausnahmsweise überlebte. Die waren ein einziger Snuff-Porno. Die netten alten Frackträger der Arktis betrieben fröhlich Nekrophilie, Inzest, Pädophilie und, zu allem Überfluss, waren manchmal schwul. Die Aufzeichnungen wurden bis 2012 (!) nicht veröffentlicht.[lxviii] Vielleicht hätten sie uns hektozentnerweise niedliche Abreißkalender erspart.

Es geht noch härter, gegen die Natur ist Youporn ein Ringelpiez ohne Anfassen. Wer schon einmal Otter gesehen hat wie sie sich beim Schlafen im Wasser aneinander klammern, wird sich kaum zurück halten können sofort mindestens zwei afrikanische Kinder aus ihrer Wüste wegzuadoptieren. Wenn sie nicht gerade kuscheln entführen Otter Kinder.[lxix] Genau, wie der alte Mann auf dem Spielplatz. Sie verlangen von der Mutter als Lösegeld Essen. Wer nicht mit Terroristen verhandelt kann sein Baby in Stücken abholen. Wenn den Herren der Schöpfung trotzdem langweilig wird vergewaltigen sie vielleicht das einzige Tier, das noch süßer ist als sie: Babyrobben. So lange, bis die ertrinken. Und noch Stunden weiter.

Natürlich muss man die dreckigen Details der Tierwelt keinen Grundschülern erzählen, aber von der blinden Idealisierung der Natur sollte man runter kommen. Sonst endet man wie die Durchgeknallte, die 2009 im Berliner Zoo mit Knut, dem Kurt Cobain der Niedlichkeit, knuddeln wollte. Sie wurde lebensgefährlich verletzt, Knut nahm sich später das Leben.[lxx]

Naturliebe ist im Grunde nicht mehr als eine Form von Angst. Schlimmer, von Konservativismus. Fällt den Gegnern einer Technologie kein Argument mehr ein, ziehen sie sich auf Fundamentalismus zurück. Im Wortsinn: Etwas, das man nicht weiter begründen muss. Damit argumentieren Anarchoprimitivisten auf dem Niveau von Islamisten. Primitivsten haben recht: Der Mensch ist schon seit 20.000 Jahren nicht mehr das, was er einmal war – und das ist auch gut so. Evolution ist auch davor nicht nett zu dir. 90% aller Arten, die je existierten, sind ausgestorben.[lxxi] Ein Mensch kann mehr sein als ein Haufen Zellen. Natur ist nicht der Feind, aber auch nicht der Freund. Sie ist die Grundlage.

„Either you're a part of the solution, or you're a part of the problem'?"
"There's a third part, actually: 'Or you're a part of the landscape`."[lxxii]

   - Robert De Niro als Sam in Ronin (1998)

Der Terminator im Bodyshop: Cyborgs sind unter uns

Will robots inherit the earth? Yes, but they will be our children.

- Marvin Minsky

Menschen sind nicht so gut in Realität. Cyborgs gibt es längst, sie sind unter uns: Wir sind Cyborgs. Und zwar schon sehr lange. Menschen sind nichts anderes als Maschinen aus Fleisch. Jetzt geht's so richtig ab. Es gibt schon lange Sachen, die gibt es gar nicht. Und vor allen Dingen Lebewesen, die Terminator zahm aussehen lassen. Seine entfernten Schwippschwager räumen gerade im Nahostkonflikt auf. Die israelische Armee setzt seit 2015 Robotersoldaten ein.[lxxiii] Denen machen palästinensische Steine nichts aus, sie haben keine Angst im Bus mit Selbstmordattentätern zu fahren und sie verbrennen nicht im KZ.

Nanotechnologie, Biotechnologie, Gentechnik und regenerative Medizin sind dabei die Menschen so grundlegend zu verändern, wie der Buchdruck und das Feuer. Mitte 2020 erwarten Experten Anzüge, die die virtuelle Realität komplett mit Gefühlen simulieren können. Hat da wer Matrix gesagt? Panasonic plant ein Roboter Exoskelett für 5000 Dollar auf den Markt zu bringen.[lxxiv] 100 Kilo Matt Damon lassen sich damit mühelos heben wie Joghurtbecher. Hat da wer Elysium gesagt? Schon jetzt kann sich, wer ein paar Milliönchen übrig hat, die Blindheit mit einem Roboterauge weg operieren lassen. Und schnittige Startups bieten komplette Roboterkörper an: Zum Raufladen des Gehirns.[lxxv] Transhumanisten: Ihr habt nichts zu verlieren außer eure Haut! Und Kreditausfallversicherungsderivate. Freakige 0 negativ Blutgruppe? Kein Problem für das Roboterherz, bald auf dem Markt. Das wird Rockefeller nach dem 6. Fleischherztransplant sicher freuen.[lxxvi] Wer seine normalen Augen ein bisschen upgraden will kann sich die Augentropfen der Biohacker „Sciences for the masses" injizieren. Die erhöhen die Nachtsicht stundenlang um das Zehnfache. Lange vor Google Glass beschäftigte sich Steve Mann mit Wahrnehmungssteigernden Brillen. Cyborg war er schon bevor Steve Jobs von einer urzeitlichen Krankheit bei lebendigem Leib gefressen wurde:

„If the equipment includes a camera that is sensitive to long-wavelength infrared, for example, I can detect subtle heat signatures, allowing me to see which seats in a lecture hall had just been vacated, or which cars in a parking lot most recently had their engines switched off. Other versions enhance text, making it easy to read signs that would otherwise be too far away to discern or that are printed in languages I don't know.

Believe me, after you've used such eyewear for a while, you don't want to give up all it offers. Wearing it, however, comes with a price. For one, it marks me as a nerd. For another, the early prototypes were hard to take on and off."[lxxvii]

Kevin Warwick von der Reading University war wohl von Prodigys „Firestarter" inspiriert". Er implantierte sich schon 1998 einen Radiosender in die Arm, mit denen er mit einem Fingerschnipsen Zuhause die Lichter ausschalten konnte.[lxxviii] Oder die Gehirnsignale seiner Frau auf seinen Chip zugreifen lassen kann. Im engeren Sinne gilt Warwick als der erste Cyborg der Welt. Zukunft, so Neunziger.

Wenn es Außerirdische gäbe, wären sie sicher nicht so bescheuert wie Menschen, Intelligenz an der Hardware fest zu machen. In einer satirischen Kurzgeschichte beschreibt Terry Bisson wie sie abwägen, ob Sie mir der Erde in Kontakt treten. Ihr Problem: Die Lebensformen sind nicht metallisch:

„You're not understanding, are you? You're refusing to deal with what I'm telling you. The brain does the thinking. The meat."

"Thinking meat! You're asking me to believe in thinking meat!"
    "Omigod. So what does this meat have in mind?"

"First it wants to talk to us. Then I imagine it wants to explore the Universe, contact other sentiences, swap ideas and information. The usual."

"We're supposed to talk to meat."

Als Materiensnobs und notgeile Spacetrucker entscheiden sie sich die Erde links liegen zu lassen:

„Officially, we are required to contact, welcome and log in any and all sentient races or multibeings in this quadrant of the Universe, without prejudice, fear or favor. Unofficially, I advise that we erase the records and forget the whole thing."

"Good. Agreed, officially and unofficially. Case closed. Any others? Anyone interesting on that side of the galaxy?"

"Yes, a rather shy but sweet hydrogen core cluster intelligence in a class nine star in G445 zone. Was in contact two galactic rotations ago, wants to be friendly again."

"They always come around."

"And why not? Imagine how unbearably, how unutterably cold the Universe would be if one were all alone ..."[lxxix]

Und das, liebe Kinder, ist Transhumanismus. Der Biologe und Eugeniker Julian Huxley postulierte 1957 in seinem Buch *New Bottles for New Wine* den Begriff Transhumanismus im gleichnamigen Kapitel:

> Mensch, der Mensch bleibt, aber sich selbst, durch Verwirklichung neuer Möglichkeiten von seiner und für seine menschliche Natur, überwindet.

Außerirdische sind unter uns – und es ist scheißegal

Und noch einen zu Außerirdischen: Die Zukunft kommt gerne als das Fremde daher. Zum Beispiel als Außerirdische. Das Fermi-Paradoxon besagt, dass die schon längst unter uns sein müssten. „Es reicht, wenn sich unter den bis zu einer Billion Galaxien, die wiederum jeweils aus bis zu 500 Milliarden Sternen und Planeten bestehen, ein verschwindend geringer Prozentsatz der Himmelskörper lebensfähige Bedingungen bietet—rein statistisch gesehen erscheint die Chance auf die Existenz außerirdischen Lebens überzeugend groß.", sagt Zoltan Istvan.[lxxx] Unsere Erde ist 4,5 Milliarden Jahre alt, das Universum ungefähr 14. Das ist ein gewaltiger Zeitvorsprung, den einige grüne Männchen da haben dürften. Und grün und Männchen sind sie nur wegen Hollywood. Wenn eine Spezies auch „nur" 1000 Jahre Vorsprung hätte, wo wäre sie dann? Maschinenkörper, Singularität, Existenz in Wellen des „belebten Universums"? Was würde es ihr nützen mit uns Kontakt aufzunehmen? Sie könnte schon mitten unter uns sein, ohne dass wir es merken würden.

Sie ginge mit uns um wie wir mit isolierten Indiostämmen um Amazonas.

2015 machte ein heftiges Video die Runde, in der ein unbekannter Stamm am anderen Flussufer auftauchte.[lxxxi] Man versuchte durch Witze zu kommunizieren, sie führten sogar einen kleinen Sketch vor und lachten gruselig. Dann ging es über zur Geschäftsortung: Ein Säugling wurde hoch gehoben – zum Tausch gegen Essen. Als wir arroganten Zivilisierten nicht wollten berieten sie sich – und hoben einen (nicht begeisterten) Jugendlichen hoch.

Zu diesem Moment hätte man das Lager noch abbrechen können. Einige Tage später kam der Stamm nämlich vorbei und nahm sich, was ihm nicht zustand und noch einiges mehr. Äxte, Tücher – und hoffentlich keine Krankheiten. Das Lager wurde von uns verlassen. Eine Zivilisation, die uns technisch so weit voraus wäre, dass sie sich nicht entblößen müsste, würde dies aller Wahrscheinlichkeit auch nicht tun. Klar sterben täglich tausende an Hunger. Aber auch die isolierten Stämme dürften eine steinzeitliche Lebenserwartung haben. Und Tiere fressen rund um die Uhr. Wenn wir schon nicht denken, wir wären Gott, würde eine überlegene Zivilisation das auch nicht tun.

Echt virtuell

„Ein Problem zu lösen bedeutet einfach, es so darzustellen, dass die Lösung erkennbar wird."
- *Herbert A. Simon, Wirtschaftsnobelpreisträger*

Die revolutionärste Veränderung unserer Zeit sind durchsichtige Solarzellen.[lxxxii] Ihre Leistung steigt steil an, in absehbarer Zeit werden unsere Kraftwerke unsichtbar und allgegenwärtig. Cyberspace ist out, in ein paar Jahren wird das Internet der Dinge aus Software Hardware machen. Und aus Menschen Software.

Abbildung 3: Hier fietst u straks over SolaRoad!

Wem das zu viel für den Zweitakter im Kopf ist, der kann sich an den niederländischen Solarzellen in der Straße freuen. Zusammen mit dem kürzlich an der Universität Dresden aus CO2 in der Luft synthetisierten Diesel[lxxxiii] können auch manische Motoristen freudig in die Zukunft blicken – wenn Sie jetzt weghören: Im Frühjahr 2014 schafften es mal wieder Niederländer der Universität Delft Quanteninformation von einem Teilchen zum anderen zu teleportieren.[lxxxiv] Auch die Lichtgeschwindigkeit bildet also keine unüberwindbare Grenze mehr, Mr. Spok.

Und das ist nur die Hülle. Das menschliche Genom wird entschlüsselt. Das Human Brain Project arbeitet mit Milliardensummen fleißig daran die neuronalen Schaltkreise des menschlichen Gehirns zu entschlüsseln. Wer bisher skeptisch war: Solche Unsummen steckt selbst die EU nicht im Hirngespinste.[lxxxv]

Auch Foodies kommen auf ihre Kosten: Die US Firma Soylent und das europäische Pedant Joylent kürzen die Nahrungsaufnahme ab und führen dem Körper kein Essen, sondern Nährstoffe zu. Ja, wie in dem Film Soylent Green aus den Siebzigern. Nur dass es keine Pillen sind, sondern Pulver ist, und dass es nicht aus Menschen, sondern Nährstoffen gemixt ist. Natürlich diskutieren die hirnamputierten Konsumenten nur über den Geschmack, nicht über die Wirkung. Wem mit Logik nicht beizukommen ist, den greift Der holländische Künstler hinter Joylent mit Humor ab:

„Use Joylent as the ultimate hangover food, while taking a shower, when you go into the forest for three days without knowing anything about berries or mushrooms, when you're watching TV, when you're hanging on the street corner with your friends, when you're riding your bike, when you're taking a shit, when you're in therapy talking about your daddy issues, and when eating together with your dog. But secretly give your dog a shake made from grounded kibble because that's probably better for dogs and also cheaper I suppose.

But above all, use Joylent to have some carefree fun with all of your energy and attention.
Best,
Joey van Koningsbruggen"[lxxxvi]

Auch unser Innerstes ist schon lange nicht mehr sicher. An der US Grenze prüft neuerdings ein Roboter unsere Emotionen.[lxxxvii] Facebook manipuliert uns mit künstlicher Intelligenzen als Assistent, der verhindert dass ihr besoffen Bilder posten. Aber die Technik schützt uns auch. Auf dem Markt tauchen Jeans auf, die drahtlose Signale blockieren, damit Informationen nicht aus dem Mobiltelefon gestohlen werden können. Natürlich hat ein Biohacker (Seth Wahle, ex Marine) sich schon einen Chip in die Hand implantieren lassen, mit denen er alle Informationen aus Mobiltelefon aussaugt.[lxxxviii] Handauflegen ist von Scharlatanerie zu Wirklichkeit geworden.

Die Technik bewegt sich auf den Menschen zu und der Mensch auf die Technik. Und manchmal beides in Richtung Schwachsinn. Japanische Bagelheads injizieren sich Lösungen unter die Haut, um einen Abend mit Donuts auf der Stirn durch die Gegend zu rennen. Sowas passiert ohne abrahamitische Religionen.
Für Valery Spiridonov steht mehr auf dem Spiel: Mit seinem Muskelschwund sieht er aus wie die böse Karikatur von sich selbst.[lxxxix] Und wird in den nächsten fünf Jahren sterben. In den nächsten zwei plant er seinen Schädel auf einen anderen Körper transplantieren zu lassen. Erinnert an Futurama.

Wo soll das alles hinführen? Ins Grey Goo Szenario:

„In practical terms, the creation of nanofactories would mean that practically everything could be made out of diamond, motors would become so powerful that a cubic centimeter would provide enough torque to propel a car, medical nanodevices could heal wounds and repair organs without the need for surgery, and air-suspended nanodevices ("utility fog") could be configured to simulate practically any desired object on demand."[xc]

Völlig unmöglich? Im leider ziemlich kitschigen Film „Transcendence" von 2014 und in Science Fiction seit den 80ern Wirklichkeit. Aber wann wären die schon Visionär gewesen?

Die Zukunft gendern

Wie man sich die alte Astralschlampe von Zukunft vorstellt ist leider auch wie so ziemlich alles einen Genderfrage. Das Erste, was nach der Singularität gemacht werden muss, ist Geschlecht abgeschafft. Ansonsten kommen wir vor lauter Genderdiskussionen zu gar nichts mehr.

Männer stellen sich die Zukunft wie bei den Jetsons vor: fliegende Autos, viel Glas und Stahl, Frauen in sexy Uniformen. Besonders, wenn Sie in den technikfixierten 60ern aufgewachsen sind. Frauen hingegen haben (überraschenderweise!) eine ganz andere Vorstellung: Keine. Ein Kichern. Und dann das, was man auf impressionistischen Bildern sieht. Säulen, exotische Landschaften, schöne Haustiere. Im Gegensatz zu den Männerphantasien sehr irdisch.[xci]

Bei Dystopien, also negativen Zukunftsvisionen, nähern sich die Geschlechter an. Wir wissen nicht was wir wollen, aber auf jeden Fall was wir nicht wollen. Da kommen radioaktive Wüsten, zerstörte Städte voller Kannibalen, düstere Trümmerhalden und Parkplätze mit rostigen Autowracks. Eigentlich kommt alles vor, was man in Mad Max bewundern kann. Ein Glück haben wir unsere eigene Fantasie. Ein Altersunterschied gibt es auch. Bei Älteren ist der Atompilz en Vogue, bei jüngeren Monster und Zombies. Danke, Comedy Central.[xcii]

Hoffentlich sind das nicht die Fragen, die uns totbeschäftigen, bevor wir ernsthaft was in Sachen Langlebigkeit reißen. Fefe trifft es mal wieder punktgenau:

„Und wenn sie jetzt links aus dem Fenster schauen, sehen Sie die ganzen Angehörigen von Minderheiten, die wir retten konnten, indem wir nicht mehr "he" sondern "they" oder "it" sagen. Seit unsere Datenbank "primary" und nicht mehr "master" heißt, ist der Handel mit Sexsklaven förmlich zum Erliegen gekommen!

Und morgen, wenn wir das Wort "PC" verbieten, weil das "Computer" darin Frauen marginalisiert, dann haben wir endlich auch die Altersarmut bei Rentnerinnen besiegt!"[xciii]

Altern ist eine Krankheit. Und heilbar

Fast alle Menschen die jemals gelebt haben sind tot. Jeder, den du kennst, wird sterben. Elendig. Und du auch. Wenn sich nichts ändert. Altern ist Tod auf Raten. Wer dem Tod beikommen will muss beim Altern ansetzen. Und das klingt so:

„Ich sehe das Altern als eine komplexe, multifaktorielle aber heilbare Krankheit. Es sollte als Krankheit eingestuft werden. Theoretisch können wir unser ganzes Leben lang gesund sein. Es ist, denke ich, aus jeder Perspektive wertvoll, Schmerzen und Leiden im hohen Alter zu reduzieren."[xciv]

Langlebigkeitsforscher Dr. Alex Zhavoronkov haut gerne Kracher raus. Aber es ist ihm ernst, er misst selbst täglich seine Zellwerte und plant die 100 locker zu knacken. Ein Verrückter im Wald? Geht so. Die Milliardäre Larry Ellison und Peter Thiel stecken grob Geld in die Anti-Aging-Forschung. Hedgefonds-Manager Joon Yun motiviert Forscher, die es schaffen, „den Code des Lebens zu hacken" und die menschliche Lebenserwartung über ihre sturen Grenzen zu erweitern, mit Million Dollar auf Tasche.[xcv]

Mit Geld ist das so eine Sache. Wird denn auch gearbeitet? Aber hallo, und von den fähigsten Personen auf dem Planeten. Die, denen wir alle Fragen, wenn wir zu faul zum denken sind, stellen: Google. Neuerdings konzentriert der Konzern sich immer stärker auf transdisziplinäre "moon shots"oder "große Würfe", die andere für Utopie oder Hirngespinste halten. Im Herbst 2014 hat er unter Führung seines Technologie-Direktors und Transhumantisten Posterbpoys Ray Kurzweil mit großem Mittelaufwand das Projekt "Endet das Altern und den Tod" gestartet. Es wird versucht, mittels Zusammenführung und "Selbstlernbefähigung" riesiger, von Googles Suchmaschinen gesammelter und verglichener Datenmengen, Informationen "intelligent" zu machen, so dass sich diese selbst weiterentwickeln, indem sie sich kombinieren und selbstständig neue Informationen generieren. Das soll in einem ersten Schritt dazu dienen, Krankheiten zu beseitigen und die Lebensdauer des menschlichen Körpers auf ein Mehrfaches zu erhöhen, um schließlich - wenn irgend möglich - den Tod zu besiegen. Einzelne Technologien wie die Verhinderung der Telomeren-Verkürzung oder genetische Modifikation stehen dazu nach Auskunft der Projektverantwortlichen bereit, müssen aber durch die Zusammenführung mit künstlicher Intelligenz ausgereift und besser integriert werden, um einen Niveausprung zu erreichen.

Ray Kurzweil hat den Plan:

„*Schon mit dem heutigen Wissen können selbst Angehörige meiner Generation in fünfzehn Jahren noch bei guter Verfassung sein. Ich nenne das Brücke eins. Danach wird es möglich werden, unsere Biochemie zu reprogrammieren und unser biologisches Programm durch Biotechnologie zu modifizieren, das ist Brücke zwei. Dies wird uns wiederum lange genug leben lassen, um Brücke drei zu erreichen. Und dann werden uns die Nanotechnologie und Nanoroboter in unserem Körper dazu befähigen, ewig zu leben.*"[xcvi]

Die Prognosen sind besser als die der Facebookaktie: „In his view, this means that the first person who will live to 1,000 is likely to be born less than 20 years after the first person to reach 150. An average of three months is being added to life expectancy every year at the moment.", sagt Audrey de Grey, ein führender Altersforscher.[xcvii] 2045 peilen beide als Zeitpunkt für die Mögliche Unsterblichkeit an. Na, am rechnen? De Grey schwebt dabei nicht wie Kurzweil eine datierte Singularität vor, sondern eine Schwelle. Der Zeitpunkt, in dem die Wissenschaft sich immer weiter entwickelt und für jedes Jahr, dass wir länger leben, mehr als ein Jahr Lebensverlängerung durch Forschung erreicht werden kann. Wir springen dem Tod von der Sense.

Die Biologie ist auch nicht faul. Was ein Team aus Japan jetzt geschafft hat, dürfte die Gemeinde der Zellverjünger verblüffen. Sie ließen Mäusezellen in einer sauren Kulturflüssigkeit (aka Zitronensäure) baden – und nach nur einer halben Stunde waren die wie neugeboren.[xcviii] Wie unbeschriebene Blätter, einfach zurück auf Start versetzt, bereit, um als Nerven-, Haut- oder Darmzelle ein neues Leben anzufangen. Wer vor Glück ohnmächtig werden will: Jetzt ist der Zeitpunkt.

Es gibt noch eine finsterere Variante: Obokata und ihre Mitstreiter sind sich selbst nicht sicher, ob es tatsächlich die Säure ist, die die Wandlung der Zelle verursacht, oder ob es einfach nur eine natürliche Reaktion auf den Schock ist. Der Säuregrad ist nämlich nahezu tödlich für die Zellen. Wäre der Schreck das Entscheidende, müsste die gleiche Reaktion mit anderen Stressoren wie großer Hitze, Druckveränderung oder physischen Schäden zu erreichen sein. Für einen Jungbrunnen könnte man das aber gerade noch mal auf sich nehmen.

Generell setzen im Rennen de Grey gegen Kurzweil viele auf ersteren. Biotechnologie wird wohl schneller vorankommen als Nanotechnologie. Wenn die Forschung stimmt. „Kein Problem wird sich lösen, wenn wir nur träge darauf warten", sagte Martin Luther King.[xcix] Sogar eine Partei hat sich schon gegründet, die Partei für Gesundheitsforschung.[c] Die ist eine Koalitionsnutte, macht es mit jedem, Hauptsache die Forschung wird gepampert. Hauptsache, dem Sterben wird ein Ende gesetzt. Besser als die AfD ist das allemal. Und die Erfolge sind beeindruckend:

De Grey und die SENS Foundation nahmen sich vor das Leben einer Maus künstlich zu verlängern. Dabei wurden 5 Jahre im Mausleben 150 Menschenjahren entsprechen. 15 Jahre nach dem Experiment sollte alles auf den Menschen angewandt werden. Spinnerei? Das dachte der frühe Finanzier von Facebook, Peter Thiel, nicht. Er warf 3,5 Millionen Euro in die Waagschale. Den Preis sahnte ein Wissenschaftlerteam des Dana-Farber-Cancer Institute an der Harvard Medical School ein. Sie schafften es tatsächlich den Alterungsprozess bei genetisch veränderten Mäusen umzukehren, ohne von Tierschützern kastriert zu werden. Die Chromosomenenden, also Telomere, werden bei jeder Zellteilung kürzer bis die Zelle den Löffel abgibt. Die Forscher deaktivierten und reaktivierten das Enzym Telomerase, und die Alterungsschäden an den Organen bildeten sich zurück: die Mäuse wurden jünger. Besser hätte es nicht laufen können, oder? Leider nimmt die Häufigkeit von Krebs der erhöhten Telomeraseaktivität zu.[ci] De Grey macht da keinen Hehl daraus, Kurzwahl lässt es bei seinen Vorträgen gerne mal weg. Manchmal ist er ein sneaky Bastard.

Aber besonders beim Thema Krebs tut sich was. Das Abramson Cancer Center in Philadelphia hat sich vom Hipster-Magazin Vice abfilmen lassen.[cii] Denn sie haben mal eben den vielversprechendsten Weg jemals gefunden, Krebs wirklich zu besiegen. Kinder wurden geheilt, die von der Leukämie innerlich schon fast aufgefressen waren. Geheilt, komplett. Durch HIV. Ja wirklich. Die Forscher nahmen den HI-Virus, leerten seinen bitterbösen Inhalt aus, und programmierten ihn neu um Krebszellen zu zerstören. Denn wenn HIV eins wirklich gut kann ist es töten. Natürlich kam die Therapie bei der Veröffentlichung so medium gut an. Verzweifelte Eltern wollten es trotzdem versuchen. Jeder würde das, wenn er oder sein Kind kurz vorm Verrecken steht. Das ist das Brett vorm Kopf, das die meisten Leute nicht loswerden. Sie können oder wollen sich nicht vorstellen, dass der Tod irgendwann vor der Tür steht. Bis es dann soweit ist. Und dann ist das Geheule groß.

Treffen II - Der Jünger der Ewigkeit

Die Digital Eatery ist ein Anwärter für das schlechteste Café Berlins. Direkt unter den Linden, ein untrügliches Zeichen. Hier ist nur Beschiss: Autohäuser, Banken, das Berliner Rathaus ist nicht weit. Um 11 lassen sie sich dazu nieder zu öffnen und kommen dann erst mal eine halbe Stunde satt nicht klar. Dazu muss man wissen, dass die Digital Eatery quasi Windows verkauft und eigentlich ein Café ist. Passt wie Arsch auf Eimer.

In einer autistischen Ecke sollen Mark und ein paar Nerds den Landesverband der Berliner Transhumanistischen Partei gründen. Fritz ist auch da. Ein großer, hagerer Typ, was zwischen Langzeitpraktikant oder Doktorand. Es dauert eine halbe Stunde, bis ich merke, dass er nicht von der Transhumanistischen Partei ist. Partei für Gesundheitsforschung, das ist was ganz anderes. Wie die Volksfront von Judäa und judäische Volksfront.

Der Witz stirbt einen qualvollen Tod, Fritz meint es ernst. Koalition völlig ausgeschlossen. Kein Bündnis. Nicht mal mehr ein Link auf der Website. Die Partei für Gesundheitsforschung will die Welt alleine übernehmen. Sie macht das, indem sie ganz ausdrücklich keine Themen außer Gesundheitsforschung besetzt. Genauer Biotechnologie, noch genauer, die Lebensverlängerung eines jedes Einzelnen. Da arbeitet die SENS Foundation dran. Strategies for Engineered Negligible Senescence bedeutet ungefähr: „Strategien, um den Alterungsprozess mit technischen Mitteln vernachlässigbar zu machen". Den Rhetorikpreis bekommen die dieses Jahr nicht. Die haben einen Plan erstellt, wie es in unserer Lebenszeit durch Investitionen in Biotechnologie möglich sein kann pro Jahr mehr als ein Jahr hinzu zu gewinnen. Also tendenziell unsterblich zu werden. Und das ist das Einzige, was Fritz interessiert. Er ist der Jünger der Unsterblichkeit.

Grundeinkommen, Netzneutralität, Nanoroboter? Fritz hört ein Sack Reis in China umfallen. Wieso sollte er sich darum kümmern, wenn er in ein paar Jahren verreckt? Mit ein paar Gehirnzellen weniger wäre er Dauergast in Vegas. Oder dem Berliner Ableger, dem Rush Hour 2. So aber besticht seine Logik. Er findet sich nicht mit dem Tod ab und setzt alles auf einen Karte. Er hat recht: Die Biotechnologie ist das Erfolgversprechendste in unserer deprimierend kurzen Lebenszeit. Und Fritz Leben ist nur drauf ausgelegt weiter zu leben. Kochen? Steinzeiternährung, aber interessiert ihn ungefähr so viel wie Serbokroatisch. Politische Diskussionen abseits von

Altersforschung? Könnten auch in Dschibuti stattfinden. Drohnenangriff auf das Haus nebenan? Er gähnt.

Leider ist Fritz nicht der größte Rhetoriker unter der Sonne: Scheint eine Krankheit unter Biotechnologen zu sein. Mit dem Verve eines Martin Luther King oder Joseph Goebbels könnte er in kürzester Zeit seine Zukunftsarmee aufstellen. Und leider scheint er ein bisschen weltfremd: Seine Partei für Gesundheitsforschung ist völlig wurst, ob ihr Koalitionspartner die Linke oder AfD ist. Solange die Alterforschung die Knete bekommt. Eine schöne Utopie, aber so funktioniert Politik leider nicht. Politik ist kein Computerprogramm, nicht logisch. Politik ist ein anstrengender, widerlicher, nerviger Sauhaufen. Wer nichts zu Außenpolitik zu sagen hat, wird bald einen Nazi mit Parteiausweis neben sich haben, der Gesundheitsforschung voll dufte findet. Einen Angriffskrieg auf Polen aber auch. Und genau dem hält BRISANT dann das Mikro unter die Nase.

Ist ja nicht so, als wäre das noch nicht vorgekommen. Die Piraten haben sich unter anderem deswegen zerlegt. Wir beziehen jetzt mal keine Standpunkte, weil wir voll so basisdemokratisch sind und so, funktioniert nicht. Entscheidungen müssen getroffen werden, sonst trifft sie der Horst von nebenan.

Klar bekommt Omi einen Herzinfarkt, wenn man ihr die Transhumane Partei vorschlägt.[ciii] Altersforschung hört sich viel netter an. Aber die Nerds kotzen. Und auf die kommt es an. Die Transhumane Partei spricht die viel besser an. Wenn man dann im Bundestag sitzt, kann man seine Forderungen immer noch aufweichen lassen, liebe SPD. Zu Anfang ist ein radikaler Kern aber nicht das Schlechteste. Das hat bei den Grünen auch geklappt. Einen Benz fahrenden, Flüchtlinge abschiebenden Sack wie Kretschmann hätte der junge Fischer noch als „Arschloch" beschimpft. Und sein neues Ich wohl auch.

Newsflash: Interessiert Fritz nicht. Der steht jetzt vor den vernerdetsten Ubahnhöfen nahe den Unis und fängt seine Schäfchen ein. Bis jetzt sieht es gut aus. Bleibt nur, ihm eine fröhliche Machtergreifung zu wünschen.

Willkommen in der Matrix: Singularität
First we build the tools, then they build us. —MARSHALL MCLUHAN
The Universe Wakes Up

„In other words, future machines will be human, even if they are not biological."
- Ray Kurzweil

„*GESETZ DES EXPONENTIELLEN WACHSTUMS*

[S]eit wir das menschliche Genom sequenziert haben, was erst wenige Jahre her ist, ... werden unsere Gesundheit, unsere Biologie, unsere Medizin zu Informationstechnologien. Und damit unterliegen auch sie dem Gesetz der beschleunigten Erträge und des exponentiellen Wachstums. Gesundheit, Biologie, Altern und Krankheit werden nun als Informationsprozesse begriffen, und damit verfügen wir über die praktischen Mittel, das Ende des Todes abzusehen, da unser Wissen über diese Dinge exponentiell wächst. Ich glaube, dass wir nur 15 Jahre von einem Wendepunkt entfernt sind, ab dem wir jedes Jahr mehr als ein Jahr zu unserer verbleibenden Lebenserwartung hinzufügen werden. Und das Gefühl, dass unsere Zeit rapide abläuft, wird schließlich ein Ende haben."[civ]

Singularität klingt abgehoben, aber es ist ganz einfach. So einfach wie sich zu erschießen – und in den Himmel aufzufahren: Denn darauf läuft es hinaus. Singularität ist entgrenztes Bewusstsein, wesenlose, unsterbliche Intelligenz:

„Kevin Kelly, founding editor of *Wired*, says, "Singularity is the point at which all the change in the last million years will be superseded by the change in the next five minutes." Even Christian theologians have chimed in, sometimes referring to it as "the rapture of the nerds."My own definition of the singularity is: the point where a fully functioning human mind radically and exponentially increases its intelligence and possibilities via physically merging with technology."[cv]

Die Singularität ist der Punkt, an dem die Evolutionstheorie des Menschen von der technologischen Entwicklung durchstoßen wird. Der Körper wird dann technisch. Kleine Nanoroboter können Schäden beheben, unsere Zellen werden auf unsterblich umprogrammiert. Der Organismus ist beliebig umformbar. Selbst Emotionen wie Hass und Freude könnten auf ein Signal ausgelöst werden. Besonders müsste man nicht mehr sterben. Für Dummies: Bewusstsein raufladen. Matrix gesehen? Wenn nicht, wo wart ihr in den 90ern? In der rapide schlechter werdenden Filmreihe ist die „Realität" schon eine Simulation. Menschenkörper sind nur Batterien für die Maschinen, die Matrix beschäftigt das Bewusstsein. Natürlich ist das ganz schlimm und dystopisch und gemein, aber die Frage von Bösewicht Cipher ist berechtigt:

„Cypher: You know, I know this steak doesn't exist. I know that when I put it in my mouth, the Matrix is telling my brain that it is juicy and delicious. After nine years, you know what I realize?

[Takes a bite of steak]

Cypher: Ignorance is bliss."[cvi]

Wen kümmert es, ob das Steak real ist, so lange es so aussieht, und schön nach frischem Tiertod schmeckt? Wie real kann ein Steak überhaupt sein, wenn wir alle unterschiedlich schmecken? Wenn wir Geschmäcker unterschiedlich mit Erinnerungen verbinden? Oder für uns das Steak gerade nicht so super ist, weil wir erfahren haben, dass ein Drittel aller geschlachteten Kühe nicht richtig betäubt werden?[cvii]

Nicht erst seit Matrix kriegen sich Kreative über die Singularität nicht mehr ein. Space Odyssee, Trancendence und haufenweise andere Filme beleuchten das Thema aus den unappetitlichsten Winkeln. Denn irgendwo muss das Drama herkommen. Singularität - alles super! Wäre nicht gerade ein Kassenschlager. Fast allen Science Fiction Filmen der jüngeren Neuzeit ist eines gemein: Sie sind Angstporno. Menschen fürchten Neuerungen und viel neuer als Singularität wird es nicht. Vielleicht nie mehr: „Thus the first ultraintelligent machine is the last invention that man need ever make.", sagte der Kryptologe Irving John Good.[cviii] So klar kann sich selbst ein Kryptologe ausdrücken. Das sollte sich die schwer um Unverständlichkeit bemühte Wissenschaft hinter die Ohren schreiben.

Besonders formvollendet quält Black Mirror seine Zuschauer. In der Folge „White Christmas" wird das Bewusstsein eines Mörders dupliziert. Das Duplikat weiß davon nichts – es denkt es wäre er, in einer kleinen Küche in einem Landhaus. Nachdem ein widerlicher Ermittler ihn zum Geständnis verführt hat, stellt ein noch widerlicherer Bulle von außerhalb des Computers in dem das Programm läuft seine Wartezeit in der Küche auf 1000 Jahre ein. Langsam wird dem duplizierten Mörderbewusstsein klar, was geschehen ist, und als erstes wirft er das Radio zu Boden. 1000 Jahre Super-Oldies und das Beste von heute hält niemand aus. Aber sofort steht es wieder auf dem Schrank, nur lauter. Er wirft es wieder, es kommt lauter wieder. Nach dem dritten Mal merkt er, dass jetzt 1000 Jahre Oldie-Hölle auf Schreilautstärke folgen.

In Transcendence wird die Angst vor der Singularität ähnlich beschreiben:

"I used to work for Thomas Casey.... When he uploaded that rhesus monkey, I was actually happy for him.... One night, he invites us all to the lab for the big unveiling. Gives a speech about history, hands out champagne. You know what the computer did when he first turned it on? It screamed. The machine that thought it was a monkey never took a breath, never ate or slept. At first, I didn't know what it meant. Pain, fear, rage. Then, I finally realized... it was begging us to stop. Of course, Casey thought I was crazy. Called it a success. But I knew we had crossed a line.... It changed me forever."[cix]

Ein Schelm, wem da nicht der Angstschiss losgeht. Ein Idiot, wer denkt, dass es so kommen muss. Technische Entwicklung wurde immer missbraucht, verbrennen wir deswegen Smartphones und Stoßdämpfer auf Scheiterhaufen?

Unsere Spezies hat zwei große Vorteile: Wir sind intelligent genug um noch Intelligenteres zu schaffen. Jeder 4.86er rechnet besser als eine ganze Gang Genies. Deep Blue spielte Weltmeister Kasparow schon 1996 im Schach gegen die Wand. Und, kein scheiß, Daumen. Ohne die säßen wir noch auf den Bäumen. Nichts greifen zu können heißt nichts zu bauen, heißt nichts Intelligentes zu schaffen. Daumen hoch!

Keine Hände, Arme, Beine und keinen Kopf, aber ein Bewusstsein haben heißt Wurm sein. Und das wurde simuliert, durch das OpenWormProject.[cx] 2012 wurde der nächste Anlauf genommen: Das Green Brain Project will ein Computermodell des Gehirnes einer Biene erstellen das an eine Drohne koppeln.[cxi] Wird auch besser sein, denn wenn wir die Welt weiter so wegpestiziden werden bald keinen Bienen mehr übrig sein.[cxii] Was für ein Mammutaufwand es ist, das Bewusstsein eines Tieres, das sich an alle Blumen im Umkreis von Kilometern erinnern kann und manövriert wie ein Komet auf Speed, zeigt, dass wir schon weit gekommen sind seit dem Wurm. Das echte Bewusstsein des Wurms oder der Biene auf die Hardware zu laden ist dann nur ein kleiner Schritt. Was heute in einem einzigen Jahr beispielsweise an der Schnittstelle zwischen menschlichem Gehirn und Technik geschieht, ist bis vor kurzem nicht in einem Jahrzehnt geschehen. Exponentielle Entwicklung, Baby.

Diejenigen, die den Menschen der nahen Zukunft als technoides Wesen, wenn nicht gar als integralen Teil der Technik sehen - wie etwa Google-Chefingenieur Ray Kurzweil oder Oxford-Philosophieprofessor Nick Bostrom, sehen das Jahr 2045 als wahrscheinlichen Zeitpunkt, an dem die Technik so etwas wie "Bewusstsein", also Singularität entwickeln könnte. Kurzweil nennt neuerdings sogar das Datum 2029 als Zeitpunkt, an dem die Technik "intelligenzmässig" auf menschliches Niveau gelangen könnte. Wenn das auch nur annähernd geschieht, werden davon praktisch alle Bereiche betroffen sein. Wirtschaft, Religion, Politik und unser Sozialleben.[cxiii]

Die Frage ist: Ist die Singularität menschliches Bewusstsein? Wenn ein menschliches Bewusstsein raufgeladen wird, wäre es so menschlich wie Neo in der Matrix und nicht so maschinell wie die finsteren Agenten, die ihn verfolgen. Koch, der Hauptdarsteller aus *Transcendence*, weiß mal wieder alles besser:

„Koch supports the theory of functionalism, which suggests that self-awareness—or what some would call the soul—is yet another feature of our brain's firmware. If you take a system and you replicate all the functional relationships in a different medium, in principle you get all the properties associated with that system," says Koch. "So if you take a brain and somehow manage to make a gigantic computer model of the brain—all the nerve cells and neurotransmitters and synapses—then in principle everything that the real brain does, the simulated brain will also do, from speaking to being able to see and hear. And it should also be able to be conscious."[cxiv]

In Klartext: Wer nicht an Seelen und Baumgeister glaubt, für den wäre eine Maschine bewusst.

Es wird noch wahnsinniger. Das Bewusstsein schwappt nicht nur ins Digitale, das Digitale schwappt in die Realität. So wie Tinder die ganzen frustrierten Forenbewohner zurück in die gegenseitigen Schlafzimmer holt, bringen 3D Drucker das Internet in die Welt. „Reprap" kann sich selbst neu drucken.[cxv] Die Nasa plant einen ihrer Selbstdrucker auf den Mond zu schicken und Stationen zu bauen. Was maschinelle Selbstreplikation auf der Erde bedeuten könnte ist abgefahren: Die Wüsten Afrikas könnten durch selbstbauende Fabriken, Energiemodule und Wasserproduzenten fruchtbar gemacht werden. Millionen selbstentfaltende CO_2 Filter können den Treibhauseffekt reduzieren und Diesel aus der Luft gewinnen. Und die Autobahnbaustellen könnten endlich sich selbst abfertigen. Nanoroboter könnten menschliche Zellen im Körper reparieren und den Altersprozess anhalten. Am Wichtigsten aber ist die Ausbreitung von Intelligenz auf maschineller

Materie – und darüber. Heute schon ist ein Roboterherz keine Zwischenlösung mehr, sondern permanent.[cxvi] Es ist besser als das Echte. Und die Materie wird zunehmend ausgelagert. Dick Cheney hatte Angst, Terroristen (oder Menschen mit Gewissen) könnten seinen Herzschrittmacher abschalten – der hatte Wlan.[cxvii] Wlan ist nur der erste Schritt. So wie Fotos und Programme schon in die Cloud ausgelagert werden, könnten es bald die Rechenleistung und die Computer. Und schlussendlich wir selbst. Der Weltraum könnte ohne schnöde Notwendigkeiten wie Atmen oder Normaldruck grenzenlos erforscht werden. Wer keine Luft und kein Wasser braucht, kann mit Vollgas in die Ewigkeit steuern. Das Universum würde beginnen zu leben. Das Denken würde eine Renaissance jenseits unserer wildesten Vorstellungen erleben. Und Science Fiction Filme würden wieder heiterer werden.

Kruzweils Projektionen waren seit den Achtzigern ziemlich akkurat: zu 86%.[cxviii] Allerdings werfen Zukunftsforscher wie Matthias Horx ihm vor in die Ceteris-Paribus-Falle zu tappen: Annehmen alles andere bliebe gleich. Ganz böse Zungen nennen Kurzweils Nach-Vorne-Oben-Vision das Kindchenschema des Fortschritts.[cxix] Indem man nur einen selektiven Trend losgelöst von allen Umständen betrachtet, entgeht einem sehr viel. Der Club of Rome hat 1972 größtenteils völligen Unsinn vorausgesagt: Bevölkerungsexplosion auf 15 Milliarden, obwohl die Bevölkerung 2016 bei voraussichtlich neun Milliarden liegen wird, Umweltsau von epischen Ausmaßen, schlicht der Untergang der Welt. Das ist auch kein Wunder, wenn Solarenergie, Computer und der Zusammenbruch des Ostblocks noch nicht mal mehr am Horizont auftauchten. Geschweige denn, dass gebildete Menschen in Industrieländern mit funktionierenden sozialen Systemen keine Lust mehr auf in den Horror von zehn schreienden Bälgern haben. Statische Modelle waren in den Sechzigern und Siebzigern zwar in, aber deswegen nicht weniger falsch. Wenn man in die Zukunft sieht, muss man flexibel sein.[cxx] Kurzweil mag manchmal frei drehen. Die Zukunft positiv sehen mag in seinem Geschäftsinteresse liegen. Den größten Fehler begeht er aber ganz sicher nicht: die Zukunft zu unterschätzen.

TEIL III: Wie werde ich unsterblich?

Jetzt geht es ans Eingemachte: Was kann ich tun? Stellt sich raus: eine Menge. Unsterblich wird man nicht durchs Klugscheißen, sondern indem man aktiv die Kontrolle über sein Leben übernimmt. Sir, jawohl, sir!

Treffen III - Rockstars Und Zombies

Andere Zeit, gleicher Ort, und zum Glück diesmal keine Angstis. Heute steht Langlebigkeit auf dem Menü. Viele gleiche Gesichter, aber auch einige Neue. Es sind mehr. Wenn das hier die Rocker sind, dann schienen die Kryoniker die Hardcore-Fraktion zu sein. Und vor allem ist der Michael da. Der Michael macht das Treffen, und der Michael hat gar keinen Programmpunkt. Diesmal kein Angstschweiß? Muss gleich beim Fluxustheater jeder mitmachen? Der Michael möchte, dass wir uns einfach austauschen. Überforderte Nerds klammern sich an ihre Tablets wie beim Druckabfall.

Der Michael ist nicht irgendwer. Er hat das Glück gehabt zur richtigen Zeit gelebt zu haben, Mitte der 90er. Objektiv, nach jedem Maßstab, frag Liam Gallagher. Aber besonders geschäftlich. Die meisten Reichen sind nicht nur unfassbar clever, sondern haben die Zeit auf ihrer Seite. Drei Viertel der Reichsten Männer (na klar) aller Zeiten wurden im Abstand von 35 Jahren geboren. Sie arbeiteten in den Jahren der amerikanischen Industrialisierung von 1865 bis 1890, der besten und größten Industrialisierung aller Zeiten.[cxxi] Da steckte das Internet noch in den Kinderschuhen und wer eine gute Idee umsetzte, konnte richtig abgreifen. Das hat der Michael. Geld ist für ihn so wenig ein Problem, wie ist für uns alle sein könnte, wenn wir in einer Gesellschaft leben würden, die ihre technischen Potenziale ausnutzt. Mit was befasst man sich so, wenn man mit Mitte 30 im Ruhestand ist, Ozzy? Man kann koksen, rumhuren und das Rockstarleben führen. Nach 20 Jahren kann man dann furchtbar rumheulen wie kaputt und dämlich man ist. Vielleicht bekommt man auf MTV eine Reality-Show, die einem das letzte bisschen Würde nimmt. Da hatte der Michael echt keinen Bock drauf.

Jetzt jettet er fröhlich alle paar Wochen in die USA, klingelt bei den weltbesten Ärzten, und versucht das längste an Lebenszeit rauszuholen. Dass er dazu in die USA fliegen muss ist schon peinlich genug für das kulturell aufstampfende Abendland. In Berlin, Deutschland, dem ganzen Reich in den Grenzen von 1941 gibt es keinen einzigen Arzt, der sich auf Langlebigkeit spezialisiert hat. Symptomherumdoktern an jeder Ecke, aber präventiv gegen den Tod vorgehen? Fehlanzeige. Das wäre ja so wie für die Rente sparen, sein Auto sicher halten, oder nicht in einem asbestverseuchten Plattenbau wohnen. Was für völlige Nerds also.

Er hat eine elegante Website ins digitale Leben gerufen: Forever Healthy.[cxxii] darin beschreibt er von

Bewegung über Ernährung bis zu dem Umgang mit Stress alles, was er so tut. Das wenigste davon ist Raketenwissenschaft. Viel bewegen, möglichst das essen, was die Oma schon als Essen erkannt hätte, sich nicht jeden Tag druckbetanken. Manches geht allerdings in Richtung Nerdbibel. Gegen das, was da als Nahrungsergänzungsmittel Liste aufgeführt wird, wirkt selbst Kurzweil bescheiden. Und die Paleo-Diät ist ein ganz spezielles Gebiet von Selbstpeinigung. Iss nur, was deine Urururgroßmutter in der Steinzeit schon als Essen erkannt hätte.

Als die anderen auf ihre Minderwertigkeit klargekommen sind, rollt tatsächlich ein Gespräch an. Neurowissenschaftler unterhalten sich mit Beratern, Unternehmer mit Bio-Chemikern, Studenten mit ihrer Diabetes. Ist es sinnvoll seine Stammzellen einzufrieren? Wenn ja, wo? Ist Joggen gesund oder Sprinten gesünder? Gehören schwarze Bohnen zu einem Frühstück für 100-Jährige dazu? Zwischendurch fetzt ein Sales-Pitch rein: Für ein Unternehmen, das noch keins ist, und auch noch nicht weiß, was es für eins werden will. Ungefähr im gleichen Stadium scheint sich diese Subkultur noch zu befinden. Es sind die paar auf E-Gitarren schrabbelnde Jugendliche mit zerrissenen Hemden im London der späten 70er. Die paar Hippies, die sich an Atomkraftwerken abseilen. Die Typen, die in einer Garage in Kalifornien Platinen zusammenschrauben. Michael platzt fast vor Freude, endlich scheint es los zu gehen. Endlich rollt Transhumanismus an. Aus dem Weg Kapitalisten, die letzte Schlacht gewinnen wir!? Vielleicht nicht Kapitalisten, eher die, die sterben wollen. Wie nennt man die? Zombies?

Der Michael sollte nochmal ein Interview geben, sollte der Michael. Da war noch zu viel im Busch um nicht gesagt zu werden. Er dümpelt in Chucks über die Admiralbrücke, der Visionär von nebenan. Bestellt wird ganz klar ohne Weißmehl, und in den „Chips" sind mindestens drei Inhaltsstoffe drin, zwei von denen darfst du schon aus Coolesgründen nicht kennen. Die Kellner sind so betont locker, dass man mit dem Rohrstock die Harfenfingerchen brechen will. Für 20€ pro Kopf kann man unweit des Kotti, wo Leute sich den Döner nicht über 2,50€ leisten können, eine halbe Stunde auf sein Essen waren. Mit Aussicht auf verboten Schöne Menschen. Das Essen ist dann auch ziemlich verwirrend vielfältig, aber danach könnte man noch einen Döner vertragen.

Wir einigen uns darauf, ganz locker, voll Kreuzberg, keine Frage-Antwort-Spielchen oder Stichpunkte zu machen. Am Ende werden es doch knapp zwei Seiten. Michael schießt auch sofort los. Er hat überhaupt keine Probleme sich Transhumanist zu nennen, das sind wir alle längst. Womit er Probleme hat, ist Weißmehl. Paläo bedeutet bei Ihn nicht die dogmatisch weltfremde Steinzeit, sondern Kohlehydrate mit niedrigem glykämischen Index. Dinkel? Nein, das leider auch nicht. Letzens haute er raus, dass gesättigte Fettsäuren genehm sind. Heute ist das für den Arsch. Und

Schlimmer: komplizierter. Es gibt genetisch bedingt vier Ausprägungen des Apolipoprotein E bei Menschen. 80% haben Nr. 3, 20% Nr. 4. Und bei denen sind gesättigte Fettsäuren cholersterinsteigerndes Gift. Und Michael ist bei denen im Club. Trotz aller Anstrengungen schoss sein Cholesterin durch die Decke. Gerade mal 6 Monate ist die Erkenntnis alt – wie soll der Durchschnittsuninformierte da mithalten? Verdammt schwer, aber da plant Michael Abhilfe. Sobald Forever Healthy „rund" und fertig ist, wird es Gesundheitscoaches geben. Kein Esoterik-Diätschenscheiß, sondern wissenschaftliches Langleben. Aber das ist nicht alles. „Die Zukunft kommt nicht nur zu uns, wir müssen auch zur Zukunft kommen." Sprich: Hör auf mit der mutwilligen Selbstzerstörung. Michael kann davon eine Rhapsodie singen. In der Hochphase seines Unternehmens ernährte er sich von Zigaretten und Gummibärchen, abends lötete er zum runter kommen mit einer Flasche Wein zu. Geld contra Leben, so einfach ist das. „Mein Glück war, dass meine zweite Idee nicht funktionierte." Erst dann kam er zur Ruhe, und es dämmerte, dass er mehr Geld hatte, als er in diesem Leben würde ausgeben können – für sich. Für einen guten Zweck wie SENS dürfen es schon mal 10 Millönchen sein. In quälenden Zweijahresschritten gewöhnte er sich Nikotin, Alkohol und dann Süßigkeiten ab. Kein Patentrezept, nur gutes, altes, ehrliches Leiden.

Leider sind wir noch keine Roboter, bei denen man Süchte aus, und Rausch anschalten kann! Und die man mit Strom am leben hält. Wir müssen uns immer noch mit Ernährung rum schlagen, und die ist nach Michael: Religion. Es sollte nicht „Bio" vor den Lebensmitteln stehen, sondern „Gift!" vor den nichtbiologischen. Obwohl er jetzt nicht exakt Kommunist ist: Menschen sollten sich unvergiftetes Essen leiten können. Da muss man nicht Karl Marx für sein. Noch übler wird es bei Gluten, dem Weizenprotein. Weißmehl ist nicht nur leere Kalorie, es ist auch durch einen hohen Glykämischen Index, also extreme Insulinausschüttung im Körper, schädlich. Zudem ist es ein Stoff, mit dem wir es in der Gesellschaft sonst nicht so haben: Ein Optiat! Jetzt wird der extra ausgeströmte Backwarenparfümgeruch von Ditsch und Co noch gruseliger.

Mit was auch immer wir uns zumüllen: Kurzweil hatte recht, als er von Brücken sprach: Man muss nur lange genug leben, um die technische Entwicklung mitzunehmen, die das Leben lange genug bis zur nächsten Entwicklung verlängert. Mit Kritikern ist er nicht zimperlich: Was ist denn das richtige Alter für Krebs? Wann darf es denn Alzheimer sein? An was willst du sterben? So absurde Fragen stellen wir uns natürlich nicht, wir verdrängen lieber. Unsere ganze Gesellschaft ist darauf aufgebaut, wie Pulitzerpreisträger Ernest Becker in „Denial of Death" schon 1973 festegestellt hat. Spoiler: Sobald man das verstanden hat, gibt es keinen zurück in der unbeschwerte Stumpfen.

Was also tun? Michael nimmt alles, was auf Forever Healthy aufgeführt ist. Das ist ein ganz schöner Klopper, aber was ist die Alternative? Sterben? Und seine Blutwerte sind erste Sahne. Metformin ist einer der Stoffe. Noch ist es ein verschreibungspflichtiges Diabetesmedikament. Aber die Diabetiker leben mit Metformin länger - als Nichtdiabetiker! Da stellt sich schon die Frage, wieso es nicht alle nehmen. Zwar gibt es „no free lunch", wenn man den Körper zu sehr in eine Richtung schraubt gibt es in der anderen Probleme. Metformin kann Nebenwirkungen heben: Scheißerei, Kotzerei, und generell eine scheiß Zeit. Aber was ist das gegen Diabetes, Krebs, Alzheimer, und den Tod? Es ist wir mit einem Auto: Das bringt man auch zum Tüv und repariert es regelmäßig. Alles, was geht, macht man. Wer auf Verschleiß fährt, landet am Baum.

Zur Zeit kochen leider alle Medizinbereiche ihr eigenes Süppchen. Alzheimerforschung, Krebsforschung, Diabetesforschung. Viellicht reduziert man mit einer neuen Therapie die Wahrscheinlichkeit von Krebs um 1%. Aber das Alter steigert sie um 1000%. Altern ist die Ursache fast aller Krankheiten. Solange das nicht angepackt wird, betreiben wir Sympthompfuscherei. Und da hat der Michael aber mit Anlauf keinen Bock drauf. Ganz vom Geschäft lassen kann er nicht: Als Venture-Kapitalgeber fördert er Startups, die das Altern bekämpfen. Klingt dröge, aber wie wäre es damit: Eine Spritze, die einen um 15-20 Jahre *verjüngt*. Und das schon in weniger als einer Dekade. Wann hast du zuletzt etwas besseres gehört?

Man muss sich das klar machen: Das bedeutet, dass man mindesten 5 Jahre gewinnt. Dass es unfassbaren Bedarf gäbe. Das nicht nur Privatpersonen, sondern auch Krankenhäuser und Staaten darum reißen würden. Es würde im Handumdrehen in die Krankenversicherung aufgenommen werden, es würde Millionen Menschenleben retten, und die Langlebigkeitsindustrie kickstarten. Es wäre, schlicht, die größte Erfindung seit dem Feuer.

Vor allem würde es den Menschen in den Arsch treten. Das Kapitulieren vor dem Tod gehört zum guten Ton. Zumindest oberflächlich, niemand geht nicht zum Arzt. Und der Industrie auch. Krankenhäuser sind noch immer eine Feuerwerk an Hierarchie. Mal bemerkt? Wenn man im engen Zimmer liegt und die Kolonne rein kommt, wendet sie sich wie eine Schlange wenn sie umdrehen muss. Denn der Ranghöchste muss immer vorne stehen. Eine Altersbekämpfungsmaßnahme wäre, wie man es im Silicon Valley nennt, *disruptiv*. Wie Strom, Computer, oder das Auto. Für treudoofe Resignation hätte dann keiner mehr eine Entschuldigung.

Und Michael schwebt das auch so vor. Klar wird es am Anfang noch ein wenig teurer sein, wie die ersten beiden Telefone. Aber der Andrang, den es schon jetzt auf Bullshit-Langlebigkeit wie Schönheitsoperationen und Diätenmansch gibt, lässt vermuten wie extrem sich das Produkt verkaufen würde – und wie viele Nachahmer es gäbe. Natürlich, ein Patent würde angemeldet werden. Einige Leute würden schweinisch reich werden (wenn sie es nicht schon sind). Aber wie beim Telefon würden andere Alternativen entwickeln – eine Idee lässt sich nicht verbieten. Aber was für eine Idee ist das eigentlich?

Alles beruht auf seneszenten Zellen. Die haben wir alle im Körper. Nur leider sind sie echt schlecht drauf. Sie versuchen uns zu töten. Zellen sterben generell nicht. Entwerder sie schalten sich ab, oder sie signalisieren dem Körper Selbstmordintention. Wenn eine Zelle beschädigt oder zu alt ist, geht sie in den Notfallmodus. In dem pestet sie den Körper mit Giftstoffen voll. Das verursacht das Altern. Die Startups wie Oisin um Michel haben einen Weg gefunden, diese Zellen zu töten. In einer Lipidblase wird ein Wirkstoff ins Blut geschmuggelt. Der ist so klein, dass die Leber sich nicht totarbeitet und ihn gleich wider raus filtert. Die Lipidblasen docken an die Zellen an. Sie bestehen aus zwei teilen: Der Erste checkt: Ist es eine Giftzelle? Wenn ja dann kommt der Zweite zum Einsatz und schmeißt eine Runde Apoptose: Zelltötung. Die szenesenten Zellen marodieren nicht mehr im Körper rum: Der Körper altert nicht mehr – so stark. Leider ist das nur der erste Streich. Um das Altern komplett aufzuhalten fehlen noch sechs, Aubrey war so nett die Aufzulisten.[cxxiii] No free lunch.

Das Problem sind noch die Gesetze. In Deutschland ist die Biotechologie aus falsch verstandenem Nauturespekt schon in den Kinderschuhen zum Krüppel geschlagen worden. Niemand will krebserregende Montsantogene in seinem Essen, aber eine gezüchtete Ersatzleber würde schon praktisch. Die wilde Globalisierung hat eine gute Seite: Während das Medizin- und Rechtssystem hier erst langsam den Entwicklungen engegendämmert, gelten in Ländern wie Fidschi schon lange sehr liberale Gestzgebungen. Wenn da das Verjüngungskrankenhaus öffnet, wird man sich hier nicht verstecken können.

Ist das jetzt Idealismus, oder Kommerz? Sicher beides, aber sicher auch mehr Idealismus. Michael braucht keine Knete mehr. Er ist der Typ für Turnschuhe. Yachten, Koks und Nutten wären ihm nicht nur langweilig – sondern peinlich. Vor allem: Was nützt einem die nächste Million, wenn man sie nicht mit ins Grab nehmen kann?Im Grunde ist es egal, wer das Geld verdient. Wichtig ist, dass man länger Leben kann. Die Welt rettet er so nebenbei. In erster Linie, da ist er brutal ehrlich, geht es um Ihn. Andere möchten es „für den Fortschritt", „die Gesellschaft" schaffen? „Alles Bullshit. Die belügen sich selbst." Was ihn richtig ankotzt ist Neid: Lieber alle runter bringen, als alle rauf. Nicht mehr fliegen für das Klima? Am Arsch. „Dann sollen die eben Elektroflugzeuge bauen!" Askese ist was für Mönche, nicht für Michael.

„Eine Milliarde, das würde reichen, um das Altern aufzuhalten.". Bäm, wieder so ein Hammersatz. Aber so weit ab vom Schuss ist er nicht. Die Altersforschung krebst mit ein paar Millionen rum, und kann schon erstaunliche Erfolge vorweisen.[cxxiv] Noch sind die ganz Großen in der Wirtschaft noch nicht mit der Knete rüber gekommen. Eine Milliarde, das klingt erstmal viel. Aber wenn die EU schon 150 davon für marode Banken locker machen kann, ist es technische Unsterblichkeit dann nicht wert? Der Berliner Nichtflughafen hat alleine 5 gekostet – bis jetzt. Ein fünftel Flughafen um das Altern aufzuhalten? Wie absurd werden wir den noch? Die USA hatten 2015 ein Millitärbudget von über eine halben *Triliarde* Dollar. Das reicht grob geschätzt um den Welthunger zu beenden. Aus der Portokasse wäre das Altern dann auch nicht drin.

Es ist heftig, wie man mit den gewohnten Maßstäben bei der Altersforschung kaum weiter kommt. Gemessen am Ziel ist jedes Gegenargument zu schwächlich, dass man sich nur noch eins fragen kann: Wieso sind wir so beschränkt? Wieso arbeitet die ganze Welt nicht auf Hochtouren daran, den Tod zu besiegen? Haben wir nichts besseres zu tun, als zu sterben?

Die entscheidenden 5 Jahre: Bohnen oder Vitaminpillen?

Zukunft und so, alles prima, aber ungefähr so nah an einem Selbst wie die dunkle Seite des Mondes. Wenn Google oder ein paar kalifornische Millionäre ein paar Milliönchen in Altersforschung stecken – was hat das mit meinem traurigen Durchschnittsleben zu tun? Was kann ich mehr tun als zuzusehen und zu hoffen, dass die fertig werden bevor es mich wegratzt?

Eine Menge. Wir haben das unverschämte Glück in einer Zeit zu leben, in der die Schwelle zur technischen Unsterblichkeit in greifbarer Nähe ist. Jedes Jahr, jeder Monat, den wir länger leben, erhöht sich die Wahrscheinlichkeit, dass wir sie miterleben. Aber es ist Arbeit. Wer faul ist, kann gleich zu Kryonik springen und sich zur Tiefkühlpizza machen. Für alle anderen hier ein paar Tipps.

Die Risikofaktoren fürs Sterben sind: Rauchen: 28%, Zu wenig Bewegung: 17%, Übergewicht: 14%, schlechte Nahrung: 13%, Alkohol (zu viel oder keiner nach Kurzweil): 7%.[cxxv]

„Logik kannst du in der Medizin völlig vergessen", sagte er. Jetzt Unternehmer, weil das mehr

Schotter bringt als Medizin. Der Dr. macht sich aber trotzdem hübsch auf der Visitenkarte. Jetzt wird absurd zu hirnrissig.

Sich über Spasten lustig zu machen, die nur an das glauben, was in Vorgartenreichweite ist, ist eine Sache. Medizin zu beurteilen eine andere. Da muss man sich nichts vormachen: Wir haben kaum Ahnung vom Körper und noch weniger von Ernährung. Wieso auch? Wir sind ja beschäftigt Ressourcen für Kriege, Werbung und goldene Uhren zu verschwenden. Wir würden uns schon lange morgens die Anti-Krebs-Aids-Ebola-Pille einschmeißen, würde die vom Staat so gepäppelte Pharmaindustrie sich nicht an Symptommittelchen reich verdienen, anstatt zusammen mit staatlicher Forschung die Ursachen für Krankheiten zu erforschen. Längst hätten wir biotechnisch gezüchtetes Fleisch, das uns aber nicht den Darm zerfressen würde, sondern alle Nährstoffe enthielte, die wir brauchen. Stattdessen fuchteln wir wild im Dickicht der Ernährung rum. Und da ist er wieder, der Herr Doktor:

„Paleo-Diät? Supplements? Alles Bullshit. Bringt dir maximal 5 Jahre. Besser du fokussierst dich auf die Biotechnik, damit holst du um einiges mehr raus."

Da hat er Recht. Gegen das, was Aubrey de Grey oder Ray Kurzweil anvisieren kann der Individualreisende einpacken. Aber das ist egal. Denn 5 Jahre sind 5 Jahre. Und vielleicht sind es genau die, die fehlen werden, um die Schwelle zu erreichen. Außerdem: Was wäre ein Minimum an verschwendbarer Zeit? Ein Jahr, ein Monat, eine Woche? Im Grunde lohnt es sich für jeden Tag. Bis dahin aber: Was tun? Vielleicht Pillen fressen. Genauer: Mikronährstoffe. Wieso sind Bohnen so gesund? Potassium. Orangen? Vitamin C. Brokkoli? Fast alles. Der ist der Superstar unter den Nahrungsmitteln.

Es ist sicher nicht verkehrt, sich gesund zu ernähren. Da bleiben einem zwei Möglichkeiten: Entweder man fuchst sich durch die gesündesten Lebensmittel und reißt sich den Arsch bis zum Hals auf um kochen zu lernen. Man muss dann noch Essen als Lebenssinn begreifen und die Arbeit am Herd als Erfüllung. Man muss ein Foodie werden, das Schwein der Menschheit. Bei allen neuen Forschungsergebnissen und den sich notorisch widersprüchlichen Studien, hat man für nicht viel mehr Zeit als Essen und stuhlen. Oder man ballert sich Joylent rein.

Dan Buettner, ein Journalist bei Natinal Geographics, entwarf das Konzept der Blue Zones. Das sind die Orte auf der Welt, an denen die meisten alten Knacker über 100 rumrennen. Namentlich Sardinien in Italien, Ikara in Griechenland, Okinawa in Japan, in Loma Linda Kalifornien bei den ultraabstinenten 7. Tag Adventisten und die Halbinsel Nicoya in Costa Rica, dem Spitzenreiter. Niemand von denen, die dort leben wollte über 100 werden. Keine Selbsthilfekurse, keine Diäten, kein Zwang. Die leben einfach vor sich hin, aber furchtbar gesund. Weil ihr Umfeld so ist. Das ist die Revolution, besonders für den gemeinen Amerikaner: Gesundheit entsteht nur durch deinen eisernen Willen Rambo, sondern wegen deiner vorteilhaften Umgebung. In allen Blue Zones essen die Leute wenig oder kein Fleisch, Milchprodukte auch nur sehr wenig. Vollkorn wo es geht, Gerste, Roggen, je abstrusere Getreide, desto besser.

Das Gegenteil von Paleo, aber eins haben Sie gemeinsam: Weizen ist der Feind. Zucker fällt bis auf Honig so gut wie weg. Zucker ist Autolyse, Selbstverdauung. Stattdessen gibt es eine Menge Tee, auch viel Kaffee erstaunlicherweise, den Superstar Bohnen, Gemüse, Tofu und anderen Öko-Kram. „Gibt" bedeutet, der war schon immer da. Das liegt zu Hause im Regal. Das steht in den Restaurants auf der Karte, wenn es welche gibt. Faul sein bedeutet bei denen gesund sein. Die

Sardinier zwitschern sich sogar zu jeder Mahlzeit und auch mal zwischendrin Rotwein rein. Trotzdem sind sie fit wie Turnschuhe. Müssen sie auch sein, denn ihre alte Steinzeitzivilisation wurde von den technisch überlegenen Römern in die Berge verdrängt. Und die sind echt anstrengend. Jede Fortbewegung ist dort Treppen laufen. Genauso in Okinawa, Gärten pflegen ist da vier Stunden am Tag angesagt. Wichtig ist auch der soziale Zusammenhalt, Familie, Freunde, und sogar Kirche. Der Vitality Compass, den man auf der Blue Zones Website Seite absolvieren kann, wirft einem vor nicht zur Kirche zu gehen.[cxxvi] Man sollte es doch mal versuchen, statistisch verlängert dass das Leben. Idioten leben anscheinend länger. Wahrscheinlich geht es dabei eher um eine positive Perspektive auf das Leben, dazu braucht man keinen Waldgeist. Und wer dringend eine Kirche braucht: Die Transhumanisten haben auch eine gegründet: Die Perpetual Church of Light. Und was noch verdammt wichtig ist: kein Stress. Das im Leistungswahnsinn im Spätkapitalismus Leuten abzuverlangen ist fast schon zynisch.

Aber ein knallhartes Argument gibt es für die Blue Zones: Sie sind erforscht. Seit Tausenden von Jahren. Was die abziehen, ist kein windiges Werbeversprechen und keine Verarsche. Das funktioniert, bewiesenermaßen. Nicht zu 100%. Die Lebenserwartung unterliegt zu 20 % genetischen und zu 30% medizinischen Einflüssen. Die Lebensgewohnheiten machen jedoch den Großteil, also 50% aus. Forscher haben das Erbgut der Menschen aus dem Blue Zones untersucht und festgestellt, dass ihre Telomere besser halten, dass sie auch im Alter länger bleiben. Das sollten die Superstars sein und nicht Lady Gaga.

Aber wer nicht die Zeit oder einfach nicht den Nerv hat den ganzen Affenzirkus mitzumachen, dem bleiben Supplements. Das sind im Grunde Nahrungsergänzungen. Die ersetzen keine gesunde Ernährung, können aber vielleicht helfen. Wenn man herausgefunden hat, was der Mensch so braucht, wieso sollte man ihm das nicht zuführen? Klar gibt es immer wieder Studien die sagen der eine oder andere Stoff wäre gefährlich. Aber bei ein paar Grundstoffen muss man sich schon sehr anstrengen um was falsch zu machen. Kurzweil schlägt Vitamin D, Fischöl und Leictin vor. De Grey gar nichts, der meint seine Frau koche gut. Eine detaillierte Liste hängt Kurzweil an[cxxvii], die überholte Version ist auf Forever Healthy zu finden.[cxxviii] Am wenigsten gruselig ist ein Supplement von Life Extension, dass 20 Pillen in einem ist.[cxxix] Wir zwingen uns zwar mehr Chemikalien in einer Scheibe Formfleischschinken rein, aber die muss man wenigstens nicht sehen.

Sicher ist, dass Supplements nicht der Tod sind. Selbst die Amerikanische Lebensmittelbehörde ist mittlerweile davon abgekommen zu sagen, wir müssten nichts zusätzlich einnehmen. Klar enthalten natürlich gewachsene Gemüse mehr Inhaltsstoffe in besseren Kombinationen. Wir kennen noch gar nicht alle Sekundärstoffe, die Vitamine vielleicht erst wirksam werden lassen. Doch auch Züchtung und Düngung ist im Grunde Supplement über Umwege. Ob ich nun B12 als Vegetarier zusätzlich esse, oder den zu schlachtenden Kühen Bottiche B12 ins Futter mische (wie in der Industrie Standard[cxxx]), macht keinen Unterschied – außer, dass ich den krebserregenden Mist, der sonst in Fleisch drin ist nicht mit in mich rein stopfen muss: „Eisenbestandteile, Chemikalien aus der Verarbeitung, Karzinogene, die beim Erhitzen entstehen. Frühere Studien ergaben etwa, dass der hohe Fettgehalt von Fleisch die Hormonproduktion ankurbeln und damit bestimmte Krebsarten fördern könnte, darunter Brust- oder Prostatakrebs. Beim Abbau von Fleisch im Darm könnten entzündungs- oder krebsfördernde Substanzen entstehen: Ammoniak, Phenole, Amine, N-Nitroseverbindungen oder Sulfid. Auch freie Radikale, die Zellen schädigen, werden auf übermäßigen Konsum roten Fleischs zurückgeführt. Bekannt ist ebenso, dass das Braten oder Grillen krebserregende Substanzen bilden kann, sogenannte heterozyklische Amine."[cxxxi] Bratmaxe schmeckt, bis man den eigenen Darm ausscheißt.

Die Krux an Supplements ist, dass es keine Forschungen gibt. Wie denn auch? Die sind noch nicht mal ein Menschenleben auf dem Markt. Wir sind nicht in den Kinderschuhen der lebensverlängernden Medizin, wir stecken noch im Uterus fest. Und das öffnet den Markt für Scharlatane. Kieselerde soll den Magen reinigen und Zeolith Giftstoffe aus dem Körper schwemmen. Schwemmt eher Aluminium rein. „Crazy Performance Fuel" aus den USA? Ziemlich genau Meth.[cxxxii] Noch ein wenig basisches Wasser? Da war auch Kurzweil ein Fan, eine seiner dunkleren Stunden. Bringt so viel wie segnen. Obwohl man sein Wasser trotzdem filtern lassen sollte, das durchschnittliche „Stagantionswasser" aus dem Hahn nennt selbst das Umweltbundesamt nicht trinkbar für Säuglinge, nicht geeignet für Nahrungszubereitung. In Kanada würde es als Industrieabfall durchgehen.[cxxxiii] Trotzdem: Die Liste der beknackten esoterischen Zusatzstoffe ist lang und die der Käufer leider noch länger. Das Bedürfnis nach Lebensverlängerung besteht, nur haben die meisten leider nie gelernt Glauben von Wissen zu unterscheiden. Geht ganz einfach: psiram.com (Das Akronym Psiram wird aus *Pseudowissenschaft, Irrationale Überzeugungssysteme und Alternative Medizin* hergeleitet.), früher Esowatch[cxxxiv]. Die nehmen Quacksalberei auseinander und machen keine Gefangenen. Sie änderten sogar ihren Namen, nachem Quacksalber unter Esowatch ihren Mist anboten!

Trotzdem ist auf Nummer sicher zu gehen vielleicht nicht die dümmste aller Vorgehensweisen. Das findet auch der Gründer von zwei großen Webprovidern, der die Website Forever Healthy mit initiiert hat. Dort schlägt er ein ganzes Programm vor, von körperlicher Betätigung, über Stressmanagement, bis eben Supplements[cxxxv]. Und der hat ein bisschen was in der Portokasse, der konnte seine Daten recherchieren.

So oder so, die Zukunft kommt und es ist besser sich mit ihr auseinanderzusetzen. Wer da kein Bock drauf hat, kann getrost verrecken gehen.

Ernährung

Unsterblichkeit ist die Nebenwirkung von Gesundheit. Und Gesundheit die von Ernährung. Leider ist Essen die Pest. Zu kaum einem Thema sind die Studien so grauenhaft widersprüchlich. Eine ganz fiese Wissenschaft. Nicht voll interpretierbar wie Philosophie und nicht ganz faktisch wie Physik. Ein Bastard. Alle paar Monate titeln Magazine mit dem genauen Gegenteil dessen, was bis dahin galt. Ungesättigte Fettsäuren und Fischöl? Alles Unsinn, fress wieder Butter. Kohlenhydrate sind tot, ab jetzt nur noch Paleo? Blödsinn, schwarze Bohnen sind der Schlüssel zum langen Leben. Fünf Früchte am Tag? Seit gestern ist Fruchtzucker nicht viel besser als der in Cola. Essen ist nicht nur verdammt wichtig, es ist die größte Obsession auf dem Planeten. 2013 verloren die Menschen mehr Lebensjahre durch Übergewicht als durch Hunger. 1,4 Milliarden Menschen sind zu fett, 800 Millionen hungern.[cxxxvi] So maßlos sind wir.

"Es ist schwer sie zu behandeln, sie haben einfach kein Körpergefühl.". Der Onkel Doktor ist ungehalten. Scheiße, wenn man ein Roboter ist. Allerdings sind Gefühle auch überbewertet. Wieso sind so viele Studien zu Nahrungsmitteln widersprüchlich? Weil sie auf Menschen beruhen. Und die sind so grotesk fehlbar, dass man möglichst nicht mit ihnen arbeiten sollte, wenn man irgendwo ankommen will. Der Placeboeffekt zeigt das entwaffnend. Zwar ist ein Drittel der Menschen völlig immun gegen ihn, bei den anderen steigt aber die absolute Irrationalitätsparty: Je größer die Pille ist, desto besser wirkt sie. Je teurer sie ist, desto besser wirkt sie. An dieser Stelle ganz herzliche Grüße an die Kollegen aus der Homöopathie für die teuersten (Nicht-)Moleküle der Welt. Je invasiver die Therapie ist, desto besser wird sie. Pillen? Hol schon mal die Pferdespritze raus. Kaum zu glauben, aber Scheinoperationen wirken am besten. Außerdem wirken Medikamente besser wenn der Patient sich selbst anstrengen muss. Nebenwirkungen sind auch Plus, da weiß man, was man hat. Und vor allem muss der Doktor aussehen wie ein Doktor: Kittel, dunkle Stimme, mittelalterliches Stethoskop. Jede Studie, die auf eine so labile Informationsquelle sie den Menschen angewiesen ist, hat ein Problem. Wir würden alle keinen TÜV bekommen.[cxxxvii]

Wenn man sich dieses Schmierentheater nicht geben will, bleiben Joylent und Konsorten. Auftanken statt essen. Das ist zwar so unromantisch wie es werden kann, spart aber Nerven. Natürlich weiß man noch nicht genau, was der menschliche Körper braucht, und besonders deiner Körper im Gegensatz zu dem verwahrlosten Fettsack nebenan. Aber bei Soylent hast du wenigstens die Gewissheit, dass dir niemand rein gepinkelt hat. Oft ist unser Problem nicht, dass wir zu wenig zu uns nehmen, sondern zu viel. Und besonders zu viel Gift. Der Körper braucht kein Gramm Zucker. Und besonders kein Gramm Pestizid oder genveränderten Mais, dessen Zulassung auf windigen Studien von Monsanto beruht.

Klar, sich das Zeug wie der Erfinder vom US-Pedant Joylent Rob Reinhard jeden Tag dreimal reinzuknallen ist gewagt. Eine Mahlzeit am Tag dadurch zu ersetzen aber ist sicher gesünder als das Wurstcroissant am U-Bahnhof. Der wurde mit dem vertrauenerweckenden Emulgator E 472 e, der verwendete Hinterschinken laut Zutatenverzeichnis unter Mitverwendung der Zusatzstoffe "Geschmacksverstärker Natriumglutamat", "Antioxidationsmittel Natriumascorbat" und dem Konservierungsstoff "Nitritpökelsalz" zusammengemanscht.[cxxxviii] Schöner Nebeneffekt an Pulvernahrung: Man fällt auch nicht ins Fresskoma und stuhlt sich nicht die Seele aus dem Leib. Das ideale Essen für die gestresste Gesellschaft.

Für alle anderen wird es kniffliger. Es geht vor allem auch um das gute Alter, nicht nur um das alt werden. Statt einer senilen Gerontokratie, auf die wir auch in Deutschland zu steuern, brauchen wir Alte, die noch funktionieren. Die nicht aus Reflex CDU wählen, den Rasen mit der Nagelschere schneiden und alle hassen, weil sie nichts mehr können.

Jeder, der sich länger als drei Sekunden mit Ernährung befasst hat, wird wissen, dass man mit Fleisch am schnellsten ins Grab kommt. Besonders mit rotem. Je größer das Viech, je domestizierter und je näher am Menschen, desto ungesünder. Es ist kein Zufall, dass Schweine eine sehr ähnliche Haut zu uns haben und viel zu klug sind, um sie millionenfach hin zurichten, wie wir es gerade tun. Als Strafe hat man mit täglichem Schweinefleischkonsum den Darmkrebs abonniert. Klar mag es gehen ab und zu Fisch oder den wilden mit den eigenen Händen gefangen Hasen zu essen. Aber wenn man auf Nummer sicher gehen will wird man Vegetarier. Nicht Veganer, die Leben nicht so lange. Pesco-Vegetarier leben zwar länger, das heißt die, die auch Fisch essen.[cxxxix] Aber da geht der Krieg schon wieder los.

Welcher Fisch geht denn überhaupt noch? Thunfisch auf keinen Fall, randvoll mit Quecksilber.

Lachs auch, es sei denn es ist der pazifische Wildlachs. Und selbst der hat schon kleinste Teilchen unserer Plastiktüten gefressen, immer und immer wieder. Na, Alditüte zum Abendessen? Am sichersten sind Friedfische des Ozeans in der Mitte der Nahrungskette und Wildfische aus stehenden Gewässern wie Forellen. Die sind am wenigsten Giften ausgesetzt und haben die besten Nährstoffe. Und dann muss man noch versuchen keine der 98% der Sorten auszuwählen, die vom Aussterben bedroht sind.[cxl] Das Meer ist in 20 Jahren sowieso leer gefischt, also sollte man sich Fisch schon mal abgewöhnen.

So widerlich es ist, es wird nichts dran vorbei: Gemüse. Brokkoli, Spinat, Fenchel. All das, was nach einem unbefriedigten Essen klingt. Das muss da rein. So sadistisch ist die Natur. Am elegantesten erledigt man das mit einem Gemüsedrink am Morgen. Vor Tagesanbruch sind die meisten eh noch so Zombie, dass sie nicht merken, was da die Speiseröhre runter fließt. Da kann es auch gesund sein. Doch auch für den gibt es mal wieder einen Haufen Regeln: Keine Rüben, Kohlenhydrate und Fette rein. Die verlangsamt die Nährstoffaufnahme. Was du suchst ist grünes Blattgemüse, je dunkler desto besser. Spinat, Petersilie, Mangold, Sprossen. Alles ab in den Mixer und runter damit. Aber nicht exen. Schön langsam, über Stunden verteilt. Sonst flüchtet er gleich wieder über den Notausgang. Man muss den Körper Zeit geben sich an alles zu gewöhnen, besonders an gesunde Nahrungsmittel. Wem das zu grauenhaft schmeckt, und das wird es, der kann mit Bananen, Äpfeln und Orangen schummeln. Die Deserteure der Ökoregimes.

„Morgens wie ein König, mittags wie ein Bürger, abends wie ein Bettler." Ziemlich übereinstimmend sagen alle Ernährungswissenschaftler, dass das nicht die bescheuertste aller Ideen ist. Auch die Menschen in den Blue Zones fressen sich Abends nicht so voll wie wir. Denen reicht was kleines am Vorabend. Das Problem ist, wann soll man eine große Mahlzeit in einem stressigen Arbeitstag packen, wenn nicht am Abend? Die Antwort: Gar nicht. Verteilter Essen, kleinere Mahlzeiten, eine Handvoll Nüsse dazu. Klingt alles als könnte man die Freude am Essen vergessen? Leider ja, aber nur am Anfang. Der Siebenten-Tags-Adventist in der Blue Zone in Kalifornien hatte Recht, wenn er sagte, man gewöhnt sich an alles. Würden wir im Alter von 20 Jahren zum ersten Mal Schokolade oder einen Burger von McDonald's essen, würden wir den gleich wieder ausspucken. Asiaten kotzen bei unserem Gurkzkäse im Strahl. Frittierte Hühnerlunge zum Frühstück geht in Flores, Indonesien, aber voll klar. Der Mäusekebab in Malawi soll auch nicht schlecht sein oder ein Hundesteak in Yulin.[cxli] Je früher man anfängt sich auf etwas zu konditionieren, was nicht totaler Müll ist, desto leichter wird es. Menschen gewöhnen sich ja auch an Staus, Werbepausen und das Töten anderer Menschen. Und da soll Brokkoli das Problem sein?

Dicker Diss an alle Frauenmagazine: Diäten sind Schwachsinn. Was dir nicht passt hälst du nicht durch. Dein Schweinehund ist stärker als du. Also musst du den verarschen. Keine Süßigkeiten Zuhause haben, aber Walnüsse immer greifbar. Richte deine Küche so ein, dass du dich ein wenig bewegen musst. Wirf den elektrischen Pürierstab weg, was meinst du wieso die 90-Jährige aus Okinawa solche Muckis hat? Klar ist das eine Schinderei. Aber wir müssen das Urzeitprogramm fahren, bis wir genau herausgefunden haben, wie wir den Körper so verarschen können, dass er denkt er hätte gearbeitet. Die Natur will, dass wir leiden.

Natürlich musst du auch alles vergessen, was (nach unserer Prägung) gut schmeckt oder das Zubereiten vereinfacht. Beim Kochen gehen 30% aller Nährstoffe verloren. Beim Braten bis zu 70%.[cxlii] Die Lösung: Garen. Das gibt es einfache Geräte für, bei denen man den ganzen Mist reinlegt und die Uhr stellt. Wie eine Mikrowelle, nur mit Wasserdampf. Und ohne ein Massaker auf molekularer Ebene anzurichten.

Besonders aber muss man sich den ganzen Mist sparen, der einen per Express ins Grab bringt: Zucker, Weißmehl, Säfte. Weißmehl ist das Schweinefleisch des Getreides, hochgezüchtet und ausgeleert. Nur die Hülle von Energie. Im Grunde Zucker in einer anderen Form. Bei Getreide gilt wie bei Tieren: Je abseitiger, desto besser. Hafer, Gerste (beide Blue Zones-Schlager), Dinkel: So wie Cocktailtomaten besser schmecken als die aufgeschwemmten Gewächshaustomaten haben die mehr und bessere Nährstoffe. Säfte sind nicht groß unterschiedlich zu Limonaden. Die sind so ziemlich das Beste, was du dir antun kannst, wenn du fett werden willst. Jeder weiß, dass in einer Dose Cola 14 Stücken Zucker sind. Und jeder ignoriert es bis zum ersten Herzinfarkt. Das alles lässt den Blutzucker wie verrückt nach oben schnellen und danach in den Keller sinken. Man fühlt sich nicht nur scheiße, man ist es auch. Die Zellen altern schneller, Krebs hat bessere Chancen, die Adern werden porös. Alles, was dir bis jetzt an Essen Spaß macht, ist der Tod.
Das Wortmonster „Gykämischer Index" ist der Schlüssel zum sich nicht durch Essen fertig machen. Er beschreibt bei Nahrungsmitteln, wie schnell Sie im Körper verfeuert werden. Je länger man was davon hat, desto besser. Der Körper ist im Grunde wie ein Auto: Wenn man ihn lange fahren will sollte man nicht alles auf Höchstgeschwindigkeit durchballern. Wie in der Natur: Schildkröten werden älter als Kolibris. Und wenn man wie Grottenolme nicht nur nichts tut, sondern auf dekadenten Luxus wie Augen verzichtet, bekommt man noch ein paar Dekaden als Bonus. Gelobt sei der absolut nicht sadistische Herr.
Melonen und Beeren haben bei Obst einen niedrigen glykämischen Index. Gemüse so ziemlich alles was grün ist, je dunkler desto besser. Über Boden geht vor unter Boden. Und Nüsse, Bohnen und Linsen kann man sich – laut Kurzweil - auch in Maßen rein fahren.[cxliii]

Weil du nicht Jesus bist wirst du es auch nicht schaffen, deine Ernährung umzustellen. Zumindest nicht komplett. Fang' in kleinen Schritten an und steiger dich. Und vor allem: Gönne dir eine Pause. An einem Tag in der Woche kannst du fressen wie ein römischer Centurio. Wildschweinhaxe, Schokoladenpudding, Club Cola Classic. Niemand ist perfekt, schon gar nicht du. Aber vielleicht bist du bald keine ganz so widerlich Fette, picklige Sau mehr.

Abbildung 4: Fetter Widerstand aus Berlin.

Dass Zucker überhaupt noch verwendet wird ist ein Anachronismus. Absoluter Ausnahmefall: Der Kapitalismus steht dem Fortschritt im Weg. Schon lange gibt es Stevia, Erythrit, und unzählige andere Zuckerersatzstoffe, die einen nicht töten. Aber die zu benutzen wäre (zumindest anfangs) teurer, und teuer ist das neue böse. Coca Cola hat eine Steviaversion herausgebracht. Natürlich hat man nicht auf einen guten alten Freund verzichtet, Zucker. In der „Light"-Cola ist sogar Aspartam. Das ist das Asbest der Getränkewelt, krebserregend to the max.[cxliv] Aber vielleicht hilft ja die Autosuggestion wenn ein bisschen Stevia in der Brühe mit schwimmt.

Ohne Zucker wirst nicht ganz so krebszerfressen sein. Man kennt die Geschichten ja, 40, und auf einmal Lymphdrüsenkrebs. So eine Schande, womit hat er das verdient? Nicht oft genug in die Kirche gegangen? Nicht oft genug beim Doktor gewesen? Nein, Krebs ist kein Zufall, der trifft dich nicht wie ein Meteorit. Krebs ist die Summe deiner Lebensentscheidungen. Das „Setzen Sechs!" deines Körpers. Und der kommt ganz besonders von der Ernährung. Zucker, Weißmehl und

Transfettsäuren (in Keksen und Tiefkühlmüll) bringen deine Körperzellen nicht nur dazu sich selbst zu töten, sondern laden den Krebs förmlich ein. Auf die Party, bei der dein Körper gefressen wird.

Paleo oder Die Ganzen Verdammten Inhaltsstoffe!

Transfettsäuren, Protein, Kohlenhydrate? Wer soll da den Überblick behalten? Es gibt viele Ansichten, von was man wie viel zu sich nehmen kann und sollte, und die unterscheiden sich wie Kunstgeschmäcker. In einem sind sich aber ziemlich viele einig: Transfettsäuren sind der Tod. Im Grunde genommen alles was frittiert ist. Gesättigte Fettsäuren sollen auch nicht so der Renner sein, also Wurst, Käse, Milchprodukte. Ungesättigte Fettsäuren waren bis vor kurzem der Hit, also Fisch, Flachssamen und Olivenöl. Das hat eine Omega 6 zu Omega 3 Ratio von 11:1. Weit weg vom idealen 21:1, aber besser als viele andere. Raps hat nur 2:1. Proteine finden alle im allgemeinen ganz gut, viel in Fleisch oder wenn pflanzlich, dann in Tofu. Kohlenhydrate waren bis vor kurzem total out. In der Paleo Diät verzichtet man darauf fast völlig. Reis, Kartoffeln, Nudeln - vergiss es. In den Blue Zones werden aber durchaus Kohlenhydrate gegessen, zum Beispiel Süßkartoffeln. Die sind um einiges gesünder als normale Kartoffeln, also der Tipp. Aber auch Reis in Okinawa und sogar das tödliche Weißbrot in Sardinien kommt vor. Schwer zu sagen, ob das jetzt ein Fehler in der Ernährung ist, den man ausmerzen muss um noch länger zu leben, oder eine sinnvolle Funktion. Generell gilt bei Kohlenhydraten wahrscheinlich: Iss weniger. Denn in der tödlichsten aller Ernährungsformen, der modernen westlichen Küche, stopfen wir uns damit voll bis zum geht nicht mehr. Und hat man statt dem Salat die Kartoffel-Pizza.

Genau das bemängeln Apologeten der Paleo Diät. Grob gesagt heißt Paleo: Ernähre dich wie in der Steinzeit. Gemüse, bei vielen krass viel Fleisch, nichts Verarbeitetes. Iss nichts, was deine Oma nicht schon als Essen erkannt hätte. Da ist bestimmt was dran. Aber die Steinzeitfresser behaupten auch Milch und Milchprodukte sei der Tod. Das mag vielleicht für Chinesen stimmen, von denen 90 Prozent Laktoseintolerant sind.[cxlv] Dem gemeinen Westeuropäer kann das aber ziemlich am Arsch vorbeigehen. Sein Verdauungssystem hat die letzten 20.000 Jahre damit zugebracht, sich an das Eutersekret zu gewöhnen. Klingt ekelig? Na, was essen wir denn sonst so? Ei ist ein ungeborener Embryo, Käse verfaultes Eutersektret und Leberwurst das reinste Massaker. Milch ist nicht unglaublich gesund. Entgegen der landläufigen Meinung entzieht sie dem Körper Kalzium anstatt es hinzuzufügen.[cxlvi] Ganz abgesehen davon, dass in der modernen industrialisierten Milch so gut wie nichts mehr drin ist. Wenn Milch, dann Kuh umschubsen und direkt aus dem Euter nuckeln.

Paleo war sicher eine Spitzenidee, ist aber leider Bullshit. Denn vor 20.000 Jahren sah das durchschnittliche Mittagessen aus wie eine Wiese. Denn es war eine Wiese. Was zum Beispiel heute Blumenkohl ist, war damals eine Blume. Und wer das nicht glaubt muss einfach mal einen ins Wasser stellen, der blüht auf. Und die Fleischparty , mit der sich die ganzen gesundheitsbewussten heute in den Wahnsinn treiben, konnte es damals gar nicht geben. Fleisch war, außer bei den Inuit vielleicht, die große Ausnahme. Viele Zivilisationen lebten fast ausschließlich vegetarisch.[cxlvii] Natürlich, Brot wurde damals noch nicht gebacken. Aber unsere Vorväter die Fische haben auch vor ein paar Millionen Jahren nur Algen aus dem Wasser geschmuggelt, das heißt nicht dass wir uns jetzt von Algen ernähren müssen. Es ist schon möglich alle seine Energie nur aus Fett und Protein zu bekommen. Vielleicht ist es auch gut für den Körper. Vielleicht auch nicht, eine Menge Studien sprechen dagegen.[cxlviii] Aber das müssen erst die nächsten 50 Jahre zeigen. Bis dahin ist man mit den Lehren aus den Blue Zones besser aufgehoben.

Ein gutes haben die Paleodiäticker der Welt aber gebracht: Den bulletproof coffee. Das ist die abgefahrenste Art sein Frühstück zu beginnen. 80 Gramm Butter, Kaffee (weil es in der Steinzeit natürlich schon Kaffee gab) mit dem steinzeitlichen Stabmixer gerührt und fertig ist die Koffein-Kalorienbombe. Nach einem Meter Strahlkotze ist man bestimmt wach.

Vegan (Gains)

Wenn Hass und Wissen aus dem Bildschirm spratzen, dann weiß man, dass man einen guten Youtubekanal gefunden hat. „Vegan Gains" ist ein vereinsamter, grenzsoziopathischer Jugendlicher aus der zugefrorenen Vorstadt Torontos. Er versucht Veganismus an den Mann zu bringen, und hat sich dafür den größtmöglichen Kontrast gesucht: Bodybuilder. Die brillieren selten durch ihre Denke. Auf ihren Videos versuchen Sie „dummen, vereinsamten Teenies", wie VG sie nennt, Fitnesspräparate zu verkaufen. Die enthalten meist nichts Nützliches und ab und an sogar Gefährliches. Ebenso die empfohlenen Diäten: Meist unnütz, manchmal riskant.[cxlix] VG nimmt sie alle hart auseinander. Nicht nur, dass er sie dank Kanadas laxen Gesetzen zur freien Meinungsäußerungen beschimpfen kann wie ein Kutscher. Er schiebt auch im youtubeüblichen Dreisekundentakt Studien hinterher. Und die haben es in sich. Wenn ein stulliger Bodybuilder also wieder grunzt, „man braucht Fleisch um zu wachsen, deswegen haben wir Schneidezähne", brandmarkt er das als „appeal to nature fallacy"[cl]. Auf „man kann mit Grünzeug keine Muskeln aufbauen und wird schleichend zur Pussy", kontert er mit: „Der Weltzehnkampfmeister ist Veganer". Und wenn sich Danny Devitos Cousin mit den steroidaufgespritzten Armen zu der Aussage vergreift, ohne Fleisch stürbe man, dann haut er ihm um die Ohren, dass der Vorsitzende der Amerikanischen College of Cardiology veganer ist – wegen der Langlebigkeit.[cli] In allen

Studien führen Veganer auch tatsächlich in der Lebenserwartung. Ob das aber die Ernährung oder der generelle Lebenswandel ist, ist schwer zu sagen. Korrelation ungleich Kausalität, Bitch. Zum Beispiel stimmt die Zahl, der in einem Pool ertrinkenden Leute verblüffend genau damit überein, wie oft Nicolas Cage in Kinofilmen vorkommt. Sind die wirklich so schlecht? Oder die Menge des konsumierten Mozzarellas mit Tiefbauabschlüssen.[clii] Vegan Gains macht keinen Hehl aus seinem blanken Hass: Fleisch, Milchprodukte und Eier essen ist für ihn der neue Holocaust. Was Konsumenten mit Tieren machen würde er ihnen antun: "I'd love to just slide a knife right across his throat and just watch him, like, just look all scared... when... you know... he's just dying."[cliii] Die Videos von Kuhvergewaltigungen sind allerdings hart. Wie Kälbern denen bei vollem Bewusstsein der Schädel eingetreten wird nicht besser. Die Kükenhexelmaschine gibt einem den Rest. Kaum jemand, der Fleisch isst, kann sich das ansehen. Geschweige denn selbst den Schalter drücken.

Leider hat er recht. Selten ist die kognitive Dissonanz so kilometerweit wie beim Fleischkonsum. Was er aber vor allem zeigt, ist wie man recherchiert. Kaum jemand seiner Opfer wird nachdenken. Die werden sterben, bevor sie ihre Ernährungsgewohnheiten umstellen. Die Zuschauer aber sehr wohl. Wenn sein Gegner Furious Pete nach durch Fleischkonsum verursachtem Hodenkrebs stur weiter Steak isst, während VG lacht, klickt was. Die Ironie, dass er als scheinbar ethischer Mensch Bösartigkeit mit Bösartigkeit bekämpft, entgeht ihm nicht. Aber er hat auch nie behauptet Pazifist zu sein.

Vegan Gains steht für all die Konflikte, die wir sture Menschlein kultivieren. Ethische Gordische Knoten. Transhumanismus könnte einen dritten Weg bieten: Wenn Fleisch geklont wird, müssen keine Tiere mehr sterben – oder wenn wir keine biologische Nahrung mehr brauchen. Ebenso könnten Verbrennungsmotoren abgeschafft werden, die Notwendigkeit zu arbeiten, bis hin zum Tod. Bis es so weit ist schadet es aber nicht, jemanden zu haben, der gegen die Dummheit und Ignoranz anschreit:

"That's all that you are, a fat disgusting piece of shit!"[cliv]

Bio und Mummenschanz

Natürlich sollte man Bio essen, was ist denn das für eine bescheuerte Frage? Wir sind doch nicht mehr in den Achtzigern. Was für Pflanzen giftig ist es für Menschen auch giftig. Wer trinkt denn schon gerne den Pestizidbecher?

Natürlich wird damit auch ein Heidengeld gemacht. Ob dein Pfeffer jetzt Bio ist oder nicht ist sowas von scheißegal, die Mengen die du aufnimmst, sind kleiner als die von Hausstaub. Ob dein (Dinkel-Salzteig-Demeter-)Brot Bio ist, macht wirklich einen Unterschied. Und klar wird mit Bio auch Mummenschanz getrieben. Die Euter von bio-Kühen müssen mit Jod desinfiziert werden, weil keine Antibiotika benutzt werden dürfen.[clv] Jod ist ganz nützlich, wenn ein Atomkraftwerk in der Nähe explodiert, aber nicht unbedingt bei der normalen Ernährung.

Bis die wahnwitzige Geldmacherei aus der Ernährung verschwunden ist, bringt es Bio aber auf jeden Fall mehr als der Dschungel aus Zusatzstoffen in dem Dreck, den die meisten Menschen so Essen nennen. Unsere Nahrungsmittel sind so derbe vergiftet, dass selbst so unscheinbare Zeitgenossen wie Tee einem richtig einen reinwürgen können. Mit Pyrozidialalkaloiden. Die kommen aus dem Unkraut zwischen dem Tee, besonders bei dem, was man sich gerne bei Krankheit reinhaut: Melisse, Minze, Fenchel, Kamille. Die am meisten verseuchten Tees waren die billigen Dinger mit Namen von englischen Seefahrtskapitänen. Bei Bio Tee wie dem Alnatura Sencha sah es um einiges besser aus.[clvi] Es ist also nicht alles Verarsche.

Wasser ist Gift

Privatpatient werden lohnt sich für jeden, der sich mal gründlich mit dem armen Dreckspack desozialisieren will. Und nicht nur für die. Andere werden förmlich dahin gedrängt sobald sie einen Zentimeter über die finanzielle Klobrille sehen können. Geht ja nicht an, dass ein solidarisches System von allen finanziert wird. Kommunismus! Da kommt Lenin dann vorbei und macht dir persönlich einen Einlauf.

Bei Privatpatientenpraxen steht ganz besonderes Wasser auf dem Tisch. Es schmeckt anders, vielleicht täuscht es weil die Kanne so beleidigend schick ist. Türen mit Naturholzrahmen. Massagesessel. Und das kompetente Personal versucht dir haufenweise unnötigen Luxus aufzuquatschen. Wer „VIP" hasst, wird hier freiwillig entdarmen.

Statt der üblichen Spiegel- und Sternwische Prospekte von Wasserfirmen. Die erzählen dir, was du wirklich nicht hören willst. Klar ist da viel Werbung, aber die Fakten stimmen. Wenn man so Institutiönchen wie dem Umweltbundesamt glaubt. Oder fällt das auch unter Lügenpresse?

Wenn Ernährung Krieg ist, ist Wasser Blitzkrieg. Schleichend baut sich die Gefahr auf, dann erschlägt es einen. Mit Schwermetall. Im Trinkwasser. Die Grenzwerte wurden alle 20 Jahre erhöht, damit man das der breiten Bevölkerung zumuten konnte.[clvii] Heute sind Leichen schon so voll mit Schwermetallen und Konservierungsstoffen, das Friedhöfe neben den billigen Tonerden Probleme haben weil wir nicht richtig verfaulen. Ein extra aus der Schweiz herangeschaffter Verfaulungsbeschleuniger wandelt die Leichen um – zu Seife![clviii] Das hatten wir doch schon mal?[clix] Und es gibt nicht nur Probleme für die Verreckten. Die Gesundheitskosten der Millionen lebenden Toten sind sicher um ein Vielfaches höher, als wenn man vernünftige Wasserwerke gebaut oder Leitungen gelegt hätte, die nicht aus Blei sind. Wer Glück hat, der hat Kupfer. Der kann sich dann damit vergiften. Denn wenn Blei Heroin ist, ist Kupfer Speed. Lässt dir nur mehr Zeit zum Abkrepeln. Beides ist randvoll mit "Biofilm". Das ist Asselkot. Noch ein Teechen?

Als Besucher einer elitären Privatpraxis kommt der Wassertesterfachverkäufer/in natürlich umsonst nach Hause. Der Pöbel zahlt fast hundert Euro. Schön, wenn die Geschenke kriegen, die sie am wenigsten brauchen. Nächstes Mal nehme ich dem blinden Penner seine Münzdose weg. Und seine vollgepisste Hose. Seinen Köter zertrete ich. „Sie und ich, wir haben absolut nichts gemein"[clx] Als Privatpatient darf ich das, steht in den AGB.

Der Volker ist ein bisschen reserviert bis verängstigt. Altbau, Hinterhof, Elendsbezirk? Das kennt er sonst nur aus Frauentausch. Die Heizung in der Küche ist nicht nur nicht an, sie existiert nicht. Schön kalt, damit Gäste nicht so lange bleiben, dass sie faulig werden. Der Volker ist trotzdem ganz jovial und erklärt einem im Detail was für ein Horror Wasser ist. Allein die Inhaltsstoffe aus dem Wasserwerk klingen Medium gesund: Darf's noch was extra aus der Apotheke sein? Bezafibrat, Diclofenac, Ibuprofen, Antibiotika und Röntgenkontrastmittel. Bald werden Leute auf die Idee kommen Leitungswasser zu destillieren und sich den Rest zu spritzen. Aber in Europa gibt es immerhin noch ein Land mit schlechterem Trinkwasser: Belgien. Das liegt mit seiner Industrieabwasserkloake noch hinter Indien, Jordanien und neun afrikanischen Staaten, die gemeinsam mit den europäischen Schlusslicht das dreckige Dutzend am Ende der Rangliste bilden.[clxi]

Auf dem Land ist das Wasser voll von Nitrat aus Dünger. Lässt bei Menschen leider nichts wachsen außer Krebs. Die dicke Bombe kommt erst noch wenn der Dreck in 30 Jahren ins Wasser gesunken ist.[clxii] Aber wen kümmert schon Landeier? Wer ein echter Transhumanist ist, der hat keinen Sinn für Scheunenästhetik. Aber in der Stadt ist es auch nicht viel besser. Jeden Tag ein schön gehäuften Esslöffel Kalk gefällig? In Berlin Standard. Nicht direkt gefährlich, aber würde man sich sowas freiwillig reinhauen? Richtig übel wird es bei Schwermetall. Eine Studie der Universität Göttingen über Schwermetalle im Trinkwasser ergab, dass von 3600 Wohnungen in Göttingen und Berlin die Bleibelastung bei 186 mg/Liter war. Der Richtwert der WHO und der neue Grenzwert der TWVO in Deutschland liegt bei 10 mg/Liter.[clxiii] Endlich kommt Volker er zur Sache. Drei Döschen aus den Vereinigten Staaten, 3 Teststreifen. Nitrat zum Glück kaum. Kalk oberes Mittelfeld. Schwermetalle? Am äußeren Rand der Skala. Das Wasser kann man schneiden. Und besonders, ganz schlechte Leitfähigkeitswerte. Bitte was?

Der Volker ist ein ganz ein netter, ist der Volker. Aber natürlich hat er auch eine Agenda. Der Prospekt klatscht auf den Tisch. Wasserfiltersysteme mit bis zu 8 Stufen. Wovon die letzten beiden, kein Scheiß, Stein-Wasserreinigung und Bioresonanztherapie sind. Das bezieht sich grob auf das Prinzip von Viktor Schauberger.[clxiv] So wissenschaftlich wie einem Huhn Kopf abschneiden um zu sehen wo es hinfällt. Ach, muss das Wasser in die richtige Richtung strudeln? Er disst den Wasserstrudel von einer Billigfirma, den er öffnete, und in dem nur ein Zettel mit „Liebe" lag. Nicht wie bei seiner Firma, die ihren unsinnigen Schickschnack wenigstens schick designed. Der Volker ist dann auch ganz erstaunt, dass man nicht 3000 € für einen Filter (ohne esoterische Zusatzfunktionen sogar) ausgeben will. Volker, die ganze Wohnung hier kostet ein Zehntel davon im Monat. Volker ist ein bisschen getroffen von der Ungerechtigkeit der Welt im Allgemeinen und seinem Gegenüber im Speziellen. Langsam kalt, tschüss Volker. Den Bullshit aus einem Vortrag auszufiltern wird Wochen dauern. Was man braucht ist ein Umkehrosmose Wasserfilter. Das richtige Gerät zu finden dauert ein paar Minuten, 40 €.[clxv] So viel sollte die eigene Gesundheit schon wert sein. Wenn man es verkraften kann, dass das Wasser nicht von Esoterikern gesegnet ist.

Sport und Dickis

Ohne Bewegung kannst du so gut essen wie du willst und wirst trotzdem abkratzen. Wir Menschen sind dafür gemacht den ganzen Tag in der Savanne irgendeinem Gnu hinterher zu laufen. So öde das ist, das sollten wir nachstellen, wenn wir lange leben wollen. Aber es gibt ein paar Tricks wie man sich nicht Tod stapfen muss. Denn ein bisschen Sport braucht man zum klar Denken und Männer dazu um nicht alles töten zu wollen: zum Stressabbau. Aber viel Sport macht ein blöde. Wie viele von den Alphakevins, die nicht mit 13 noch waren wie ein Vierjähriger, waren denn in den höheren Klassen noch da? Na also. Und Henry Maske, Boris Becker und Diego Maradona warten auch noch auf ihre alternativen Nobelpreise. Die meisten Menschen haben heute immer noch ein Gehirn, weil der Körper es braucht, nicht anders herum.

Wenn einen was umbringt, dann ist es Krebs oder Herz-Kreislauf-Erkrankungen. Terroristen, Blitzeinschläge, der weiße Hai, alles völlig unwichtig. In Indien hat es neulich der erste Mensch geschafft von einem Meteoriten getroffen zu werden.[clxvi] Menschen haben Angst vor dem Falschen. Flashback: BSE. Als der erste Fall bekannt wurde, mutierte Rindfleisch zum Ladenhüter. Das Fazit: in zehn Jahren starben 150 Menschen ab BSE. Genauso viele starben an einer Gefahr, die nie in den Zeitungen und dem ISDN-Internet auftauchte: 150 Kinder starben, weil sie parfümiertes Lampenöl geschlabbert hatten. Wie lange dauerte es, bis ein Sicherheitshinweis auf den Flaschen war? 10 Jahre. Nur eine Angststory ist druckwert.[clxvii]

Wenn Gott dich so lieb hatte, dass du im Abendland geboren wurdest, wird dich Krebs oder der Herzkreislaufkasper hinweggraffen. Oder der Straßenverkehr, der hat bisher auch schon mehr Menschen getötet als der Erste Weltkrieg.[clxviii] Ein Auto ist nichts als eine schwere Fahrmaschine mit der man Ohnmachtsgefühle kompensiert – und andere zu Kartoffelbrei fährt. In Thailand werden besoffene Fahrer zur Arbeit in der Leichenhalle verdonnert.[clxix] König Bumipol gefällt das.

Wenn dein Körper abschmiert, dann ist es entweder ein Herzinfarkt, weil du zu viel Stress hattest, oder eine Arterienverkalkung, weil frittiertes Mars zum Frühstück bei dir einfach dazu gehört. Krebs ist ein bisschen kniffliger, da ist es Lebensart, Genetik und Zufall. Auf jeden Fall musst du aber wissen, wer der Feind ist.

Den Tag mit Sport zu beginnen, ist der Bringer, dann bist du den ganzen Tag gleichzeitig wacher und entspannter. Natürliches Koks und Valium. Man kann natürlich eine Stunde lang durch die Gegend joggen, dann stimmt das Herz-Kreislauf-System. Aber dann Schmerzen die Gelenke mit 30. Beim Aufprall auf den Hacken jagt das 8-fache deines Luxuskörpergewichts durch deine Wirbelsäule. Also auf dem Ballen auftreten? Dann rennt man wie ein 12-Tonner mit einem halben Meter Spiel in der Lenkung. Und die Knie schmerzen. Alte Schwarzwaldweisheit: Wie man's macht macht man's verkehrt! Low Carb, nur Fleisch, nur Schwimmen: Bei allem Optimierungsoptimismus muss man aufpassen nicht zu sehr in die extreme zu gehen. Sonst schlägt das Pendel zurück.

Spaß ist auch so medium. Und wer fühlt sich schon gerne, als würde er drei Jahre langsam ins Gesicht geschlagen bekommen? Neueste Studien raten, besser zu sprinten und dann zu laufen. Immer wieder. Der Spiegel geht so weit zu behaupten, man könne mit sechs Minuten dadurch seine gesamte Sport Leistung für die Woche abdecken.[clxx] Faule Jounalistensäcke.

Du bist innerlich ein Fisch? Schwimmen bringt's am ehesten im See. Im Hallenbad werden die Augen immer so rot. Chlor? Nein, sondern das Verbindungsprodukt aus Chlor, Pisse und Schweiß.

Noch schlimmer als ekelig sind die Chlorgase: Besonders über der Wasseroberfläche sind die so konzentriert, dass es gesundheitsschädlich ist. Bäder sparen gerne an der Belüftung, damit es schön warm bleibt. Und tödlich.[clxxi] Ins Gas gehen ist nie die Lösung.

Wettkampfsport ist so ziemlich die schwachsinnigste Lösung. Wen interessiert, ob der Ball hier oder da rein geht? Dazu stresst es dich noch und gibt den Zuschauern einen Vorwand zu saufen und echte Probleme auf ihren Verein zu projizieren. Sobald es größer als Hinterhofliga wird, ist es eh nur noch ein abgekartetes Geschäft: ein Puppenspiel für Erwachsene. Und jeder ist gedopt. Wieso nicht einen Wettkampf einführen, wo technisches Verbessern erlaubt ist? Niemand ist so einzigartig, wie er gerne tut. Ohne das richtige Umfeld, das richtige von anderen angeeignete Wissen, kommt keiner aus dem Arsch. Es ist wie mit dem verkorksten Urheberrecht in der Literatur: Niemand ist ein Genie. Jeder schreibt von jedem ab und das ist auch gut so. Das nennt man Fortschritt. Im Sport bedeutet das: Schon heute sind Prothesenläufer schneller als „normale" Menschen.[clxxii] Würde das nicht den Geist des Sports zerstören? 11 mal Hulk gegen 11 mal Hulk ist nicht wirklich spannend. Klar. Na und? „Wettkampf" ist genau das Problem. Beim Sport geht es um Verbesserung des Körpers. Das sollte für alle möglich sein. Ein Projekt, das im Leben einen Unterschied macht. Und nicht nur für vollgepisste S-Bahnhöfe nach dem Lokalderby hinterlässt.

Der Tod sitzt. Menschen sind keine Anemonen, deswegen haben wir Beine (und keine Snowboarder, deswegen haben wir zwei). Wenn du an einem Ort bleiben musst, versuch zu stehen. Wo immer du kannst, mach ein paar Schritte. Das ist nicht nur gut für den Körper, sondern auch für den Kopf. Nichts tötet das Denken mehr, als Stillstand, liebe CSU. Was auch nicht schaden kann, ist Muskelmasse zuzulegen. Liegestütze, Sit Ups, Hanteln. Letztere sind besonders gut, weil der Körper gegenbalancieren muss. Das Meiste, was man im Fitnessstudio findet, kam selten in der Steinzeitlandschaft vor, und ist daher nur so medium an den Körper angepasst. Die ältesten Menschen der Welt rennen nicht ins Fitnessstudio und drücken keine Hanteln. Die Laufen. Charles Eugster ist ein 96-ähriger Rekordsprinter, der noch so einiges vor hat: Ein Modelabel gründen, seinen Schamhaaren beim wieder braun werden zusehen und gegen den 105-jährigen Japaner Hidekichi Miyazaki wettrennen: 200 Jahre auf der Laufbahn![clxxiii]

Abbildung 5: Charles in Bestform

Was sie nicht tun, ist fasten. Zumindest nicht vorsätzlich. Auf der Hirtenwiese fällt schon mal eine Mahlzeit aus, wenn die dumpf gezüchteten Schafe wieder eingefangen werden müssen. Das ist kein Drama. Aber wochenlang wie indische Gurus von Luft und Licht satt werden, das tut sich in den Blue Zones keiner an. Auch kein Yoga, dieser billige Marketingtrick aus preußischer Verrenkung in Indischer Esoterik.[clxxiv] Ja, das weiß sogar der SPIEGEL. Yoga wurde vom indischen Anwaltssohn Swami Vivekananda und preußischen Sportmarketinggenie Ludwig Jahn erfunden. Der landete schon Hits wie „Turnen". Was eigentlich Wehrkraftertüchtigung war, konnte nun mit gutem Gewissen Kindern vorgesetzt werden. Und Vivekananda nahm einfach das am wenigsten Wahnsinnige auf den alten Hindupraktiken, und zimmerte mit Jahn daraus was für gelangweilte Europäer. Obwohl Yoga so viel mit alter indischer Spiritualität zu tun hat, wie eine S-Klasse mit einem Pferdewagen, wird es bis heute transzendental Obdachlosen verkauft.

Gesund könnte es allerdings trotzdem sein, alles ist besser, als vor dem Fernseher zu sitzen. Auch das intermittierende Fasten, also ein Tag die Woche oder ähnliches, scheint positive Effekte zu haben. Das Einzige, was nachweislich das Leben verlängert, ist Kalorienreduktion. 20 bis 30% weniger, und wir leben länger.[clxxv] Bill Faloon, der Gründer von Life Extension und der Perpetual Church of Light isst pro Tag nur eine Mahlzeit.[clxxvi] Wieso? Weil die Natur ein Sadist ist und uns hungern sehen will. Das ist alles mit Vorsicht zu genießen, denn ob man so länger lebt oder nur länger, wenn man halb so viel macht, ist unklar. Aber wer wild entschlossen ist: Nicht am Buffet essen, Nachschlag ist der Teufel. Kleine Teller und Hohe Gläser. Ja, wir bemessen Getränkemenge nach der Höhe. So clever sind wir. Mal das Abendmahl von da Vinci genau angesehen? Die Teller waren damals Miniaturen, das Essen hat sich grob verdoppelt, sogar das Brot ist 20% größer! Wer hätte den fetten Jesus geliebt? Noch abartiger, wer hätte sich von dem fetten Jesus lieben lassen wollen?

Na wer wird denn da ans Vögeln denken? Gut so, denn Sex tut gut. Stressreduktion, Anregung fürs Immunsystem, Protatakrebsprävention und sogar Schmerzempfindlichkeitsreduktion durch das im Gehirn ausgeschüttete Endorphin. Transhumanisten, fickt um euer Leben!

Was die ältesten Menschen auf keinen Fall sind, ist fett. „Fat-shaming", „Big-beauty" und „empowerment-movements" sind groß in Mode.[clxxvii] Übergewichtige verteidigen sich ähnlich wie Fleischesser: Das Bedürfnis ist da, dann wird es rationalisiert. Schlechte Nachrichten: Fett ist scheiße. Nicht nur, dass wir zur überwiegenden Mehrheit biologisch darauf gepolt sind, Fett hässlich zu finden. Das lässt sich anders prägen und die Natur hat nicht immer Recht. Denn egal was schlecht ausgeführte Studien auf den Fett-empowerment-Websites sagen, fett sein ist ungesund.[clxxviii] Übergewichtige haben eine um 10 Jahre niedrigere Lebenserwartung.[clxxix] Sie kosten die Sozialsysteme Milliarden und hemmen so nicht nur den einzelnen fetten, sondern eine verfettete Gesellschaft.[clxxx] Fette sind ebenfalls dümmer als der Durchschnitt.[clxxxi] Egal ob Ursache oder Wirkung, das sollte zu denken geben. Wenn man noch kann. So oder so: Übergewicht ist ein Problem und sollte von Gesellschaften, die planen eine Zukunft zu haben, aktiv angegangen werden.

Noch schlimmer kommt's beim Charakter. Klar, einige haben eine Entschuldigung. Auf Psychopharmaka sein, eine Schilddrüsenunterfunktion haben, oder im Stamm der Mauretanien mit 20 Liter Kamelmilch täglich gemästet werden.[clxxxii] Denn nur eine dicke Frau zeigt Reichtum. Bei allen anderen bedeutet fett sein aber: Ich habe mich nicht im Griff. Ich habe meine Egomanie bis auf die basalste aller Ebenen runter gebrochen: Ich fresse meine Umwelt. Ich bin weder bereit für mich, noch für die Ressourcenkatastrophe, die ich verursache, Verantwortung zu übernehmen. Ich mache das nicht bösartig, ich mag einfach Nachdenken nicht. Oder es ist mir egal. Das ist die bessere Variante. Dann bist du einfach ein Arschloch.

Entspannung, Meditation und schleimige Kalifornische Gurus

Das ist einer der ganz Großen Tricks der hundertjährigen. Viel Bewegung auf niedrigem Level. Spazieren gehen oder den Garten umgraben. Besonders letzteres soll die Lebensdauer weit verlängern. Wahrscheinlich auch, weil man sein Gemüse wachsen sieht und wertschätzt, daher auch langsamer und bewusster isst. Es klingt alles wie ein unerträglich kitschiges Märchen, aber so muss man da ran gehen. Es wird noch schlimmer: Meditation.

Am besten gleich nach dem Aufstehen, eine Stunde am Tag. Das schlagen glatzköpfige kalifornische Gurus mit gutturalem Ami-Akzent vor. Califonia Hate. Es hat bewiesenermaßen den gleichen Effekt wie Sport: Man wird ruhiger, lebensfreudiger, ist weniger anfällig für Süchte und den ganzen Unsinn, den man sonst veranstaltet und so Leben nennt.[clxxxiii]

Jeder von denen will seine kleine Schafherde kultivieren, deswegen gibt es hunderttausende verschiedene Ansätze nichts zu tun. Denn das ist Meditieren im Grunde. Nicht nur die Fresse halten, sondern mental die Fresse halten. Klingt einfach? Ist die Hölle. Nichts fällt modernen Menschen in Zeiten von Smartphones und nur noch anderthalb Minuten bis der Uber kommt schwerer. Wer keine stahlharte preußische Disziplin und Turnvater Jahn mit dem Knüppel hinter sich hat, wird scheitern. Außer er hat Headspace. Das Einzige, worauf Menschen noch hören, seit Gott tot ist: Eine App. Und die ist Spitze. Ein endentspannter Engländer erzählt einem, dass man nicht denken muss, aber auch nicht nicht denken muss. Dass die Gedanken wie Autos auf einer Straße sind und unsere Einstellung von der Seite wichtiger, als wie viele vorbei rasen. Erst mal schön die Augen schließen und auf die Geräusche um einen achten. Dann von oben nach unten den Körper durchgehen und alles genau fühlen. Schon mal versucht, das eigene Gehirn wahrzunehmen? Kann ganz schön unheimlich sein. Und dann atmen, das ist das Wichtigste. Durch die Nase ein, laut, mit gestrickter Brust, zwei Sekunden. Dann zwei bis acht Sekunden ganz langsam durch den Mund ausatmen, fühlen wie die Luft im Bauch anfühlt. Und wenn man nicht mehr atmen muss, dann bis zehn warten, bis man wieder neu atmet. Das ist nicht nur entspannend, so gewinnt man den Krieg. In der Sauna.

Nach jedem Aufguss kann man genau sehen, wer seinen Körper im Griff hat und wer nicht. Alle fangen an zu schwitzen wie die Schweine, deswegen ist man ja da. Die unbeholfenen wischen sich durchs Gesicht, bewegen die Arme, Stöhnen rum wie in einem billigen Softporno. Wer mit geschlossenen Augen entspannt dasitzt und tief atmet, kann seinen Körper so viel ruhiger halten. Die Belastung durch die Hitze existiert zwar, aber ist weit weg. Wie der Krieg in Syrien und bevor man sich versieht, sind alle anderen draußen. Bei Sauna geht es nicht um Entspannung, es geht darum the last man standing zu sein. SISU.

Es gibt den einen Moment, bei dem man ganz bei sich ist und an nichts denken sollte. Wem dann Patrick Batemans Worte „Ich bin ganz einfach nicht da!" aus dem Off entgegen schreien, der hat American Psycho definitiv zu oft gesehen. Oder ist ganz einfach nicht da.

Stress zu vermeiden geht aber noch um einiges weiter. Der kalifonische Guru säuselt, Stress entsteht nur in einem selber, man hat es selbst in der Hand, blablabla. Da bekommt man Aggressionen, dem möchte man die Axt in den Schädel rammen. Aber er hat recht. Es bringt nichts, sich über Arschlöcher aufzuregen. Einer schneidet dich auf die Straße und brüllt dir dann kreative Namen für deine Mutter entgegen? Sich aufzuregen wird weder ihn, noch die Welt, noch dich besser machen. Oder deine Mutter geiler. Einfach verschwendete Lebenszeit. Du hättest schon lange eine Ecke weiter in deiner Lieblingschischabar mit Moneyboy chillen können. Da hilft nur tief durchatmen und wenn du noch ein bisschen Spaß haben willst vielleicht einen lustigen Spruch hinterher schieben. Humor ist die ganze große Kunst mit dem unsinnigen Leben fertig zu werden. Das richtige Möchtegernmafiaklientel vorausgesetzt: „Auf ich ficke deinen Vater" kommt zum Beispiel: „Ach, bist du schwul oder was?" riesig. Schärf schon mal das Dönermesser.

Stress kann man mit dem vier C begegnen: commitment, creativity, challenge, compassion. Klingt abgedroschen, ist aber durch Studien verifiziert: Stress als Herausforderung übt, Stress als Belastung tötet.[clxxxiv] Und noch härter: Positiv denken. Zyniker haben keine lange Lebenserwartung. So wie die Welt aussieht ist das die größte Herausforderung. Belastung generell sollte kurz und kräftig sein: Sprinten statt Joggen. In der „Vier Stunden Woche" gibt Timothy Ferris gute Tipps: Nur zwei Mal täglich Emails checken und sich in die Kommunikationsapokalypse stürzen. Danach konsequent nicht erreichbar sein. Die meisten Probleme haben Zeit, die wirklich schlimmen kann man meist eh nicht ändern. [clxxxv]

Vom Faultier lernen, heißt überleben lernen: Um sich zu entspannen hilft auch ganz einfach viel schlafen. Um die acht Stunden sollten es sein. Die 4-Stunden am Tag Schläfer wie der Kohlliebling Lars Windhorst sollten sich noch mal hinlegen.[clxxxvi] Die bekommen mit 40 einen Herzinfarkt. Zu geregelten Zeiten aufstehen, essen, und schlafen gehen. So hat es deine Oma gemacht und so ist es richtig. Hätte sie nicht jeden Abend zwei Stunden beim Musikantenstadl in den Zombiemode geschaltet, hätte sie auch keinen Hirnschlag bekommen.

Fernsehen ist die an die Anti-Tätigkeit schlechthin. 60 bis 90 Minuten täglich können glücklicher machen.[clxxxvii] War ansonsten nicht den ganzen Tag sexy auf dem Bau schwitzt, machen sie einen aber kaputt. Fernsehen gaukelt dem Geist Aktivität vor, während der Körper in Zombiestarre verfällt. Das Resultat: Man ist gestresst und fertig. Man ist 400 tote Quallen auf der Autobahn. Ein Glück arbeiten findige TV Techniker schon jetzt daran begehbare Filme zu inszenieren. Und da hätte man dann eine Virtual Reality Brille an und könnte sich 360° durch den Film bewegen. Da müsste man nur noch aufpassen, dass man nicht erschossen wird.

Bei allem Schonquälen: Man sollte im Auge behalten, worum es bei der Ewigkeit geht: Spaß. Transhumanismus heißt nicht wie bei Religionen sich jetzt einen abzurackern, damit man sich im Jenseits entspannen kann. Das ultimative Ziel im Leben ist Spaß, Erfüllung, eine gute Zeit. Möglichst für alle. Es nützt keinem was, wenn man zum Entspannungsnazi wird.

Köter und Freunde

Der Vitality Compass ist eine Ansammlung von Fragen, die man auf der Blue Zones Website beantworten kann, um zu sehen wann man stirbt. Jeder mag Fragen über sich selbst, jeder mag es wenn sich jemand für ihn interessiert: und sei es nur ein Algorithmus. Der Compass zeigt einem dann wie weit das biologische und das wirklich Alter von einem selbst auseinander liegen. Wie viele Jahre man noch vor sich hat, und wie viele man haben könnte, wenn man aufhören würde, Raubbau mit der eigenen Gesundheit zu betreiben. Sehr deprimierend, aber auch ein bisschen lustig. Denn fast jedem werden zwei Sachen empfohlen: einen Hund anschaffen und zur Kirche gehen.

Ein Köter hält dich auf Trab. Mindestens zwei Mal täglich muss der raus und Fäkalien verspritzen. Leider ist das so ziemlich *es*, und damit dein, Lebensinhalt. Lange leben ist ein schönes Ziel, aber ein bisschen mehr Qualität als bei einer Kaulquappe sollte drin sein. Die Natur ist eine Bitch, und die gilt es zu überlisten. In der Natur übersetzt Leid in Erfolg. Einen Hund kannst du auch lieb haben, wenn du zu abstoßend für Menschen bist. Dem gibst du Fressen und der denkt du bist Gott. Und darauf kommt es an. Das soziale Umfeld muss stimmen, dann lebst du länger. In Zeiten der Post-Patchwork-Familie muss sich jeder seine neue Familie suchen und das sind nicht die Facebook Freunde. Sondern die richtigen. Und je nachdem, wie hart man drauf ist, müssen die auch glücklich sein. Die kalifornischen Glücksgurus versichern einem, dass unglückliche Menschen ein nur unglücklich machen. Wer erfolgreich sein will, sollte sich mit erfolgreichen Leuten umgeben. Wo war noch mal dein Armani Anzug? Lust Paul Allen zu zerhacken?

Was stimmt ist, dass das Leben zu kurz für Arschlöcher ist. Wer sich disqualifiziert, weil er seine Emotionen mit über 14 nicht im Griff hat oder seine Komplexe an anderen auslebt, kann ruhig alleine versauern. Egal ob es ein Freund, Familienmitglied oder Teilhaber am regelmäßigen Geschlechtsverkehr ist. Man muss dafür sorgen, dass man Leute um sich rum hat, die nicht der absolute Ausschuss sind. Die verhalten sich nämlich wie Krebszellen: Sie töten ihr Umfeld.

Was würdest du fühlen, wenn einer vor deinen Augen Paul Allen zerhackt? Richtig, du wärst traumatisiert. Epigenetische Forschung beschreibt neuerdings sogar, dass ich Traumata bis in die Gene einfressen. Aber traumatisierte Personen entwickeln oft, wenn Sie das Trauma überwinden, eine extreme Widerstandsfähigkeit. Sie kompensieren. Künstler, kreative und Genies haben oft eine schwere Kindheit. Also hol bei deinem stumpfen Nachwuchs schon mal den Gürtel raus.[clxxxviii] Die Resillienzentwicklung geht soweit, dass Tiere in der verstrahlten Zone um Tschernobyl nicht drei Augen haben wie der Fisch bei den Simons. Sie sind sogar kräftiger, robuster und genstabiler, als die Populationen außerhalb der Zone. Des Zukunftsforschers Horx These: Ist ein System nur komplex genug, kann eine Störung immer eine neue Entwicklung sein.[clxxxix] So wie Punk die Modeindustrie gerettet hat.

Horx fasst es so zusammen: Eine Gesellschaft, ein Mensch ohne Konflikterfahrung, in vollkommener Komfortabilität, verwandelt sich früher oder später in einen Pudding ohne Perspektive. Das, was wir als Gefahr und Bedrohung empfinden, ist zugleich das, was Zukunft möglich macht.[cxc] Klingt einleuchtend, ist aber Unsinn. Ebenso wie Menschen von sich aus das Bedürfnis haben zu arbeiten oder kreativ zu sein, werden Menschen auch ohne äußere Zwänge eine Perspektive schaffen. Und wenn nicht, dann kann man sich immer noch die Kugel geben. Alles auf jeden Fall besser, als künstlich Krisen am Leben zu halten. Wer eine braucht kann das Universum vor dem zusammenfalten retten: dem „Big Crunch".[cxci]

Selbst wenn Menschen einen nicht zu Tode nerven: Was von den 100-Jährigen in den Blue Zones vorgelegt wird, ist eine hohe Latte. 8 Stunden sozialisieren am Tag. Das geht für den normalen Arbeitspsychopath in Mitteleuropa als Folter durch. Zumindest nüchtern. Am besten mit einer riesigen Familie, die sowieso niemand mehr hat. Umso vernetzter man ist, desto glücklicher ist man. Und vernetzt bedeutet wirkliche Freunde, nicht der Marketingsprech aus den Neunzigern. Je glücklicher das eigene Umfeld wird, desto glücklicher wird man. Das lässt sich sogar in Zahlen belegen. Jeder glückliche Freund macht uns um 9% glücklicher, jeder unglückliche zieht uns um 7% runter. Und wenn einer deiner drei besten Freunde fett ist, hast du eine 55 prozentige Chance selbst zu verfetten.[cxcii] Also erst mal ab zum Kumpel und den anfahren, was er sich denn erlaubt.

Kirche für Dummies (und Amerikaner)

Für ein langes Leben darf dich nichts aus der Ruhe bringen, besonders nicht das große Ganze. Das Leben ist sinnlos? Bestenfalls sein eigener Sinn? Vielleicht gibt es einen Fehler in der kryonischen Kühlkette und du musst elendig verrecken wie jeder x-beliebige Wurm? Schön und gut, aber nicht zynisch werden jetzt. Think Positive. Denn das hält dich am Leben. Es ist so ähnlich wie im KZ: Wer die Hoffnung aufgibt ist verloren. Von hier ist es ein ganz kleiner Schritt zum Wahnsinn.

Kirche zum Beispiel. In den Blue Zones glauben alle an irgendeinen Geist. Mindestens einmal wöchentlich sollte man sich religiöses Gewäsch in der Gruppe geben? Am Arsch. Ewiges Leben für Dummies. Alternativen? Nicht doch. Könnte man ja glatt einen Anfall von übergroßem Differenzierungsvermögen erleiden. Was der Compass einem da aus dem Amerikanischen mitteilen will ist, dass man einen tieferen Lebenssinn braucht. Das kann auch was anderes als der Stumpfsinn in der Kirche sein. Zum Beispiel, dass man wirklich ewig leben will. Es gibt mittlerweile genügend Leute, die das auch wollen, und wenn man die trifft hat man alle Vorteile einer Kirchengemeinschaft, ohne die Nachteile. Zusammenarbeit, Zusammengehörigkeitsgefühl, potenziell ewiges Leben, kein Glaube an Baumgeister, kein Hass auf andere Gruppen. Selbstkasteiung allerdings schon, aber nur wenn sie wirklich was nützt. Bei Alkohol zum Beispiel. Für alle, die dringend das Konzept Kirche brauchen: Die Perpetual Church of Light hat sich in den USA gegründet: Sie predigt Technik.[cxciii]

Und das mit Verve: Sterben ist nicht und zwar wissenschaftlich. Die „Messen" sind eher Vorträge. Von Zoltan Istvan bis zum Gründer Bill Faloon treffen sich Unsterblichkeitspromis mit normalen (Unsterblichen) und bereiten Ihren Schlachtplan vor. Ein Junger Typ um die 20 hat schon die Kryonikkiste für seine Katze. Und die Life Extension Pillen stehen bei ihm prominent auf dem Tisch. Die Kirche wurde als neue Rechtsform für Life Extension ins Leben gerufen. Böse Zungen behaupten, die Kirche sei nur ein Steuertrick von Life Extension. Die Amerikanische Lebensmittelbehörde versucht sie in den Bankrott zu treiben. Regelmäßig verwechselt die Behörde Life Extension mit Produzenten von synthetischem Marihuana oder dem leibhaftigem Teufel. Mittlerweile haben sie vor dem Berg an Studien über die Wirksamkeit (und Ungiftigkeit) kapitulieren müssen. Dass die Kirche in Florida ist, spricht schon Bände. Da ist sterben ein Hobby.

Und dass Life Extension im Steueralptraum Delaware residiert auch. Nicht Panama ist das Hinterziehungparadies oder die Bahamas. Es sind die USA. Sie sind auf Platz 3 der Liste der sicheren Häfen für Schwarzgeld, in absoluten Zahlen auf Platz 1.[cxciv] Vor allem sind sie der einzige, der immer sicherer wird. Kapitalismus ist nur eine schlechte Verkleidung für das Recht des Stärkeren. Amerika, fuck yeah.

Bill Faloon rechtfertigt sich: Es gehe ihm nur um das Projekt Langlebigkeit. Wie viel genau er sich abzwackt ist undurchsichtig. Sicher ist, dass Life Extension eine riesige Kryonikburg samt Forschungszentrum für zehntausende Menschen plant, und dafür schon einen siebenstelligen Betrag investiert hat.[cxcv] Die übliche Abzockersekte sieht anders aus. Kindersexsklaven wurden auch noch nicht gesichtet. Besser wäre natürlich normal Steuern zu bezahlen, und den Staat forschen zu lassen. Aber der weigert sich. Und Für Life Extension heißt Delaware Verzweiflung. Für Hillary und Trump heißt es Dekadenz. Die haben ihre Briefkastenfirmen um die Ecke. Im gleichen Haus.[cxcvi] Wie soll man da als Unternehmen mit gutem Beispiel voran gehen?

Was soll der Quatsch mit der Kirche?, mögen sich Europäer fragen. Ein Teilnehmer sagt: „Es ist schön eine Gemeinschaft von Gleichgesinnten zu haben, und diesmal ohne Irrsinn."[cxcvii] Wer es braucht. Und bis daraus ein staatliches Projekt wird sollte man alles versuchen: Parteien, Stiftungen, Kirchen, kleine Fähnchen an der Antenne, Graffiti nachts unter der Brücke.

Alkohol und Doofis

Die App rät einem: Man sollte auch öfters mal ein Glas heben. Und es stimmt, leichte Trinker sind langlebiger als Abstinenzler oder besonders als starke Trinker.[cxcviii] Natürlich muss man mit solchen Aussagen aufpassen wie beim Bomben entschärfen. Jeder Mensch reagiert anders und wer chronisch Durchfall hat, dem wird Alkohol sicher nicht helfen. Außerdem leben leichte Trinker gesünder als der durchschnittliche Spritti. Das ist der Klumpfuß vieler Studien: Sie verwechseln Korrelation mit Kausalität. Du trinkst vielleicht nur ein bisschen, weil du ein snobiger Provoncegrüner bist, abartig gebildet und das Leben genießt als gäbe es kein zweites. Selbst wenn du ein bisschen mehr oder gar nicht trinken würdest, würdest du länger leben. Das hat aber nichts mit dem Alkohol zu tun. Sondern mit deiner Bildung. Die ist übrigens einer der entscheidenden Faktoren für Langlebigkeit. Doofis verrecken schneller. So gesehen ist Verdummung Mord. Würde mal bitte jemand die Hälfte aller Fernsehstationen, alle Privatschulen und den gesamten Fußball verbieten?

Unter uns, elitenintern: Geht man kritisch an Studien ran, fällt man vom Glauben ab. Alle langfristigen Ernährungsstudien sind Müll. Beim Erforschen des Menschen verfälscht ein Faktor alles: Der Mensch. Über 20 Jahre kommt kein Wissenschaftler zu dir nach Hause, pikst dir in den Arm, beobachtet genau was für einen Mist du in dich rein stopfst und löffelt deinen Stuhl in ein Teströhrchen. Nein, du gibt selbst Auskunft. Und lügst, dass sich die Balken biegen. Natürlich hälst du dich an deine Diät, natürlich nimmst du keine Drogen, natürlich rennst du jeden Morgen um den Tümpel. Auf keinen Fall würdest du aus niedrigstem Egoismus lügen oder einfach weil deine Erinnerung schon weggefault ist. Beschuldigte auf Fotos zu identifizieren ist ungefähr so akkurat wie ein Huhn zu köpfen und zu sehen auf wen es zu rennt.[cxcix] Wer schon einmal bei den Bullen 500 „arabisch-türkische" Männer mit verheulten und zerschlagenen Fressen (und die ein- oder andere für Drogen eingesackte bockige Transe) auf einem 90s PC durchklicken musste, weiß, wie schlecht die Erinnerung ist. Menschen sind klasse.

Der Plan: Überleben ist Krieg

Gebildet sein kommt zwar riesig auf Sektempfängen, nützt aber alleine wenig. Überleben ist Krieg, Man muss ich einen Schlachtplan machen. Die ganz einfachen Fragen sind die Wichtigsten. Was will ich? Wie will ich es erreichen? Wie viel meiner Zeit möchte ich gerne für Arbeit, Freizeit Und Taschenbilliard aufwenden? Was stresst mich am meisten? Wie merze ich das aus? Was sind meine Süchte, meine größten Fehler, meine Schwächen? Und wenn ich das alles hinbekomme, bin ich dann ein Roboter? Und wenn, wäre das so schlimm? Ist der Mensch denn viel mehr als eine biologische Maschine? Kann man als Roboter Hartz4 beantragen?

Du bist keine Schneeflocke

Der Mensch ist auf jeden Fall keine normale Maschine und das ist auch gut so. Denn die nehmen dir die Arbeit weg. Und das ist auch gut so. Die Menschen sind sicher nicht dafür gemacht den ganzen Tag einen Hebel zu ziehen, eine U-Bahn zu fahren oder Leuten bei McDonald's einen Burger in die Hand zu drücken. Dafür sind Maschinen gemacht, und das tun sie auch mehr und mehr. Und besser. Millionen Jobs werden in den nächsten Jahren wegfallen.[cc] Grabesstimmung im Werkzeug und Maschinenkombinat 7. Oktober. Es wird noch viel mehr sein, würden Maschinen nicht viel höher besteuert werden, als Menschen. Wieso ist ein Friseurbesuch seit 1950 sogar teurer geworden, während Waschmaschinen um das 50-fache billiger wurden? Wegen eines Steuersystems, das Besitzern von Maschinen mehr Vorteile bringt als Leuten, die arbeiten. Zwei Wirtschaftsnobelpreisträger haben das mal schön erklärt, man muss allerdings brutales Schweizerdeutsch ertragen.[cci]

Aber dein Job wird nicht weggenommen, du bist eine Schneeflocke? Na dann fang am besten schon mal an zu heulen. Dich trifft es auch. Du bist Anwalt? 90% eines Anwalts Jobs sind Rechercheaufgaben, Anwendung von Paragraphen. Das macht ein Computer besser. Du fährst Lastwagen? Selbstfahrende Autos haben eine sehr viel geringere Unfallwahrscheinlichkeit als Menschen. Auf der Straße sind die der Störfaktor. Oder du bist so richtig echt und mit vollem Herzen Künstler? Keine Maschine würde je die Musik verstehen können? Und wie. Emily Howell schreibt schon jetzt Stücke auf Klavier, die sofort auf die Bühne zu den Philharmonikern könnten. Und Emily ist ein Bot.[ccii] In Turing Tests (ist das ein Mensch oder Computer) wird sie nicht enttarnt- Aber die Literatur, die Literatur! Die ist auch bald von gestern. Der Metaphor Magnet generiert Geschichten aus dem Zufallsgenerator, die mit deinem Zweitakterkopf in 100 Jahren nicht so spannend werden würden.[cciii] Der Internethektiker CGP Grey lässt in 8 Minuten mal eben dein Weltbild kollabieren.[cciv] Und das ist erst der Anfang. Die Maschinen, die heute arbeiten, sind größtenteils Spezialisten. Riesige Roboterarme, die Autoteile mit dem immer gleichen Bewegung zusammenbauen. Das ist die Maschine von gestern. Die Maschine von morgen lernt. Sie sieht und ahmt nach. In Japan wird ein Prototyp nach dem nächsten rausgehauen, einer besser als der andere. Wir alle arbeiten schon lange mit dem größten dieser Computer: Google. Wenn Google Translate vom ukrainischen ins „Russian Federation" als „Mordor" und den Nachnamen des russischen Außenministers „Lavrov" als „trauriges kleines Pferd" übersetzt, ist das nicht, weil sich jemand einen Scherz erlaubt hat, sondern weil sich Millionen einen Scherz erlauben.[ccv] Translate lernt Sprache, nachdem Leute sie benutzen. Und es wird jedes Jahr besser. Wer noch Latein lernen musste, kann sich ganz gepflegt in den platt gesessenen Arsch beißen, ebenso wie italienisch chinesisch und Urdu. Translate lässt einen schon jetzt durch übersetzte armenische Websites surfen, als wäre Der Turm von Babel nie gebaut worden. Letzte Hoffnung für gescheiterte Studenten: Du wirst Übersetzer? Diese Simultanübersetzung ist nicht nur in der Arbeit, sondern schon da.[ccvi]
Ուխացունց ուշ է, հիմար. („Zu spät, Dummkopf!" auf Armenisch.) Und es geht noch einen

Schritt weiter: Auf jedem Mittelklassehandy kann man Text direkt von Sprache in Schrift übersetzen. Und in einigen Forschungsstationen schon direkt von Gehirn zu Gehirn – über einen Kilometer. Ja, ganz recht: Telepahtie is in da house:

„Bei dem Experiment, das bereits Mitte August in der Fachzeitschrift „PLOS One" vorgestellt wurde, sollte ein Proband in Indien an einfache Worte wie „Hallo" und „Tschüß" denken. Seine Gehirnströme wurden dabei mit einer Elektroenzephalographie (EEG) gemessen, für die auf dem Kopf Metallelektroden befestigt werden. Diese Daten wurden in einen Binärcode umgewandelt - die nur aus den Ziffern 1 und 0 bestehende Computersprache - der dann per E-Mail nach Frankreich geschickt wurde. Dort wurde der Binärcode wiederum in ein Signal umgewandelt, das über eine sogenannte transkranielle Magnetstimulation in das Gehirn eines Versuchsteilnehmers gelangte. Dazu werden die Daten durch Lichtblitze dargestellt, die der Proband am Rande seines Blickfelds wahrnimmt. Die Probanden hatten die in Indien gedachten Worte also weder gehört noch irgendwie gesehen - sie konnten aber anhand der Lichtblitze die Botschaft verstehen."[ccvii]

Und jetzt kommt der böse Terminator und bringt uns alle um? Bullshit. Maschinen haben uns noch nie umgebracht. Weder die Lokomotive, noch die Waschmaschine, und schon gar nicht der Computer. Jede dieser Erfindungen hat unser Leben sehr viel besser gemacht. Klar gab es Ausrutscher. Sparen gekonnt hätten wir uns die Atombombe, die Abhörwanze und Kaugummi mit Zimtgeschmack. Aber deswegen der Zukunft eine Absage zu erteilen ist ungefähr so clever wie Impfgegner zu sein. Denn was soll Technik im Endeffekt? Technik soll den Menschen von Leid erlösen. Und was ist ein größeres Leid als der Tod? Mit Altersforschung, Gentechnik Kryonik und Singularität ist dessen Überwindung zum ersten Mal potentielle in greifbare Nähe gerückt. Wer braucht schon Gott, wenn er Binärcode hat?

Das Schakra

„Talk to me when you chakras are alligned!", steht auf dem Hipstertshirt. Da hilft nur schreiben: Mach die Krankheit zur Schuld, du Spast! Das ist der Haken an den ganzen Karma, Esoterik, Selbsthilfe-Narrativen. Da hat jemand eine Krankheit und soll dann auch noch schuld daran sein, weil sein Karma nicht stimmt, die Homöopathie nicht geholfen hat oder Gott einfach scheiße sauer auf ihn ist. Es ist ein Unterschied ob man die Umstände seines Lebens sinnvoll gestaltet oder seine Entscheidung an den Baumgeist externalisiert. Die ganzen Esoteriker sind im Grunde genommen richtig niederträchtige Arschlöcher. Und das Schlimmste ist, das sind sie sich nicht einmal mehr bewusst. Im Grunde also eher Idioten. Zeit für eine Respektschelle.

Kurzweils Promo

Stabil hinsetzen und die Wampe festhalten: Ray Kurzweil hat sein eigenes Ernährungsprogramm – und es ist der Freak unter den Strategien. Er beschreibt es in „Fantastic Voyage" (2005) und besonders „Transcend" (2010). Es sind fast die gleichen Bücher, nur in „Transcend" bekommt man Platonische Dialoge eingeschoben, dass einem bei dem ganzen Faktengeprügel nicht so langweilig wird. Wer „The singularity is near" von ihm gelesen hat, weiß, wie es sich anfühlt, bei der nächsten Gleichung mit einem geschärften Minuszeichen Harakiri begehen zu wollen. Leider laufen ab und zu auch Werbefile a la 9live in „Transcend" mit, in denen Joey aus Montana erzählt, wie verdammt wonderful es ihr geht, seit sie die Ratschläge beachtet. Die US-Version von „Isch schwöre auf Koran!".

Kurzweils Diät verzichtet wie Paleo fast ganz auf Kohlehydrate. Ein Sechstel maximal. Natürlich Bio, nichts Verarbeitetes, kein Zucker. Happig wird es erst bei den Zusatzstoffen. Von den 250 hat er sie auf 20 und dann auf 3 reduziert. Ergänzung auch für Sonderschüler: Coenzym Q10, Vitamin D und Leicitin. Seine Strategie beruht auf der Vermeidung von Entzündung durch falsche Ernährung. Und Krebs. Und Herz-Kreislaufkrankheiten. Das ist nicht das Problem. Das Problem ist die Zeit. Komplett ironiebefreit hängt er ein ganzes Kochbuch an. In den Gemüsedrinks ist natürlich immer eine Packung von RAY AND TERRIES Total Care Daily Formula [CPOYRIGHT C] drin. Schade nur, dass die vom Zoll mit Meth verwechselt werden und nonchalant zurück geschickt werden. Und, dass das wie verzweifeltes Product Placement wirkt.

So sehr das Buch auch Sinn macht, das Unternehmen bemüht sich unseriös zu wirken. (bis eben) Private Email:„We don't follow [Ray Kurzweils] guidelines with our products[...])". Wieso nicht? Stille im Wald. Kurzweils Ratschläge sollte man immer genau prüfen. „Fantastic Voyage" war noch voll von esoterischem Ramsch: Von Akkupunktur bis zu basischem Wasser. Das hat noch nie wem geholfen außer Quacksalbern, oder Patienten, bei denen es mit guten Worten und Händedrücken auch getan wäre. Glaube sollte in rationaler Medizin kein Erfolgsfaktor sein. Placebos sind klasse, so lange Sie nicht den Weg für echte Wissenschaft versperren. Und Kurzweils Produkte, wenn man sich auf die Grundlagen beschränkt: Die drei Nahrungsergänzungen plus Vitamin B12-Komplex, und vor allem die Tests. Denn Kurzweil sagt einem, was man vor 50 nicht hören will: Geh zum Doktor!

Arztterror

„Ein Mensch ein Problem, kein Mensch kein Problem"
 - *Die Kinder vom Arbat, Anatolij Rybakow. Nicht Stalin.*

Nein, dann muss ich mir nicht in den Hintern fassen lassen. Aber einsehen, dass es nach 25 bergab geht. Biologisch sind wir nicht dafür gemacht viel länger zu leben. Evolution is not kind to you after childbearing age. Kurzweil hat ein gutes Argument für Ärzte. Für Autos haben wir KFZ-Mechaniker. Für unsere Milliarden Vermögen Fondsmanager. Für unser indisches Essen das Restaurant nebenan, und für unseren kaputten Kopf den Psychiater. Wieso stellen wir also niemanden für das Wichtigste ein, den Körper? Weil wir Ignoranten sind. Weil wir gefühlt ewig leben. Und uns dann wundern, wenn es uns doch mit 60 weghaut. Nicht zum Doktor zu gehen ist wie nie zum TÜV zu gehen. Irgendwann bricht der alte Kahn zusammen. Und solange es die Gesundheitspolizei nicht gibt, müssen wir das übernehmen.

Man muss nur mal in die Dritte Welt oder auch schon Schwellenländer fahren, um zu sehen, wie runtergerockt die Leute sind. Mit 20 sehen die aus wie 30, mit 30 wie 60. Knochenjobs im Raubtierkapitalismus, an dieselverpesteten Straßen stehen, und eine Ernährung, die fast nur aus Frittierfett und Zucker zu bestehen scheint. Wir haben uns mit der Geburt am richtigen Ende der Welt einen privilegierten Platz verdient. Aber wenn man sich darauf ausruht endet man genau da, wo alle enden: unter den Radieschen.

„Bloodwork" nennt man das im Englischen. Was nach einem brachialen Egoshooter klingt, bedeutet: Sein Blut auf die wichtigsten Stoffe testen lassen. Da wird schon was rauskommen. Wichtig sind Vitamine, Nährstoffe und Marker für Herz-Kreislauf-Erkrankungen, sowie Osteoporose. Also die Stoffe, die dir sagen, dass du kurz vor einem inneren Rohrbruch stehst. Den meisten Menschen fehlt tatsächlich Vitamin D. Das bekommt man über die Haut, aber weil's draußen viel öder ist als auf dem Sofa fehlt das eben. Außerdem Vitamin B12. Man kann auch Erde fressen um das zu bekommen. Oder Tiere die die Erde gefressen haben. Besser gesagt konnte man. Als die Landwirtschaft noch kein hochgezüchtetes Massenunternehmen war. Heute enthält eine ganze Kuh weniger B12 als eine Ratte vor 100 Jahren. Es wird denen also in Bottichen zugefüttert. Für alle, die glauben Nahrungsergänzungsmittel sind der Teufel: Deine Nahrung ist da schon weiter. Also entweder die ganze Kuh fressen oder eine Pille reinhauen. Homocystein zeigt an, wie hoch der Entzündungsgrad im Körper ist. Den befeuert man durch Zucker, Fleisch, oder Stress. Besonders chronischer Stress ist im Grunde nichts anderes als eine schwelende eiternde Wunde. Ist der Homocysteinwert über 10 wird es kritisch. Idealerweise sollte er unter 8 sein. Wie bekommt man den runter? Gesunde Ernährung und Vitamin B12 und B6. Es gibt noch ein paar andere Werte die anzeigen wie schnell einen die Adern platzen und Knochen brechen, wie Immunglobulin M, den Artherosklerose-Index oder das „böse" HDL Cholesterin. Generell gilt aber einfach: Überwache deinen Körper, so wie du dein Auto oder deine Stromkosten überwachst. Der Schlüssel dazu ist ein guter Arzt. und da fängt der Terror an.

„Sehr geehrte Damen und Herren,

anbei finden Sie drei Links. Der Erste sind die Inhalte meiner Krankenakte. Der zweite beinhaltet meinen Plan für Langlebigkeit, der 3. das dem zugrunde liegende Werk von Ray Kurzweil, dem Chefinformatiker von Google. Es hat einen großen Bereich von Studien zu seinen Thesen im Anhang.

Es wäre schön, wenn Sie zu unserem Treffen da schon einmal drüber sehen könnten, damit wir gleich starten können. Um es ganz klar zu sagen, ich plane mindestens 120 Jahre alt zu werden.
[…]
MFG"

Die E-Mail reicht schon mal um den meisten den Angstschiss raus zu treiben. Einen guten Arzt zu finden, der einem dabei hilft möglichst alt zu werden, ist ungefähr so einfach wie einen Albino-Isländer zu treffen. Wieso? Weil unser Gesundheitssystem mehr Geschäft als Gutmenschentum ist. Magazine wie Monitor und Frontal21 decken in ermüdender Regelmäßigkeit auf, wie mit Krankheit Kohle gemacht wird. Nirgends werden mehr künstliche Hüftgelenke eingesetzt als in Deutschland, und auch bei Bypass-Operationen sind wir Weltspitze. Das spült Millionen in die Kassen derer, die mit Leid Geld verdienen. Das Problem: Deren Nutzen ist nicht bewiesen.[ccviii] Ganz im Gegensatz zu dem einer gesunden pflanzlichen Ernährung.

Über Symptome freut sich jeder Arzt, die sind deutlich, und da gibt es eine Pille gegen. Aber einer Krankheit vorzubeugen does not compute. Obwohl es viel billiger, logischer und wirkungsvoller ist.

Erklär mal einen verstockten Bürokraten bei der Krankenkasse, dass du vorbeugen willst. Der ersticht dich mit dem Kugelschreiber.

Ganz schnuckelig sind auch die „Mediziner", die dir was in der millionenfachsten Verdünnung verschreiben, in denen exakt kein Molekül Wirkstoff mehr drin ist. Homöopathen, Bioresonanztherapeuten und der ganze esoterische Sauhaufen sind was für Leute, die gelangweilt und alleine sind, aber für niemanden, der was für seine Gesundheit tun will. Placebos funktionieren auch nur bei einem Drittel der Menschen. Wahrscheinlich denen, die auch für Religion anfällig sind. Aber „Ärzte" haben „Homöopathie" studiert? Mittlerweile gibt es auch die Studiengänge wie Pferdewissenschaften.

Die einzige Möglichkeit die Party noch stürzender zu machen, ist privat versichert zu sein. Das muss man sobald man mehr als einen Taubenschiss verdient. Kann ja nicht angehen, dass alle gemeinsam solidarisch das Gesundheitssystem finanzieren. Jeden Huster muss man dann 3 Mal begründen und alle Kosten erst mal vorstrecken, bevor sich ein Team aus Managern, nicht Ärzten, entscheidet, ob die Behandlung für einen richtig ist. Richtig im Sinne von kosteneffizient. Das ist ungefähr so, als würde man einen Koch sein Auto reparieren lassen. Allerdings ist es auch die Eintrittskarte für die Ärzte, die sich ein bisschen mehr Zeit und Perspektive verschaffen können. Davon gibt es in der Hauptstadt des Unglücks genau drei.

Der Erste sitzt am Wittenbergplatz, wo sonst? Gibt es einen besseren Ort für einen Arzt als die größte Einkaufsmeile der Stadt? Wo neben Zucker der größten undiagnostizierten Sucht des Landes, dem Shopping, wie wahnsinnig gefrönt wird? Ein Blick auf die Website zeigt dann auch, dass Langlebigkeit von ihm als Langlebigkeit der Gesichtskonturen verstanden wird. Wenn man schon ein verfaulender Sack ist, dann doch bitte ein gut operierter.

Der nächste sitzt in Dahlem, das volle Programm, Westberlin. Von der Lobby im Pavillon kann man über die Königsallee nach den schrumpeligen Strohwitwenfreundinnen Ausschau halten. Natürlich würde man einem dabei zur Seite stehen. Natürlich ist das nichts Ungewöhnliches. Natürlich kostet allein die Beratungsstunde 140 Euro. Das schafft doch Vertrauen.

Der letzte und halbwegs zurechnungsfähige sitzt in Mitte. Nahe dem Rosenthaler, da wo sich Transhumanisten anscheinend rumtreiben „Ich sage Ihnen ganz klar, ich weiß auch nicht alles." Schon mal ein guter Anfang. Das Wartezimmer ist verboten stylisch, der Sessel abartig bequem.

Das Wasser selbstverständlich gefiltert. Nach ganz viel watteweichen Kompromissgequatsche wird klar, dass er es ernst meint. Hier ist einer, der es zumindest versuchen will. Das Unglaubliche ist aber, dass anscheinend noch niemand in dieser Stadt auf die Idee gekommen ist, einen Arzt aufzusuchen, um möglichst alt zu werden. Hat eine so unambitionierte Spezies den Fortbestand überhaupt verdient?

How to (not die): Die letzte Liste

Feinstaub

Umwelt ist Gift. Das haben wir ja fein gemacht. Die Beißringe, auf denen ihr als Kinder noch gewissenhaft herum gekaut habt, gelten heute als Sondermüll. Es ist so verdammt viel Gift um uns herum, dass es schwer ist allem auszuweichen, ohne der totale Neurotiker zu werden. Aber auch hier gilt die Pareto-Regel: 80 - 20. Das heißt, mit ein paar einfachen Handgriffen kann man sein Leben deutlich gesünder machen.

Der Stoff in den Beißringen hieß Bisphenol A. Der ist auch heute noch in Plastik aller Art drin. Es gibt zwar Plastikflaschen ohne, aber dann bleiben noch künstliche Östrogene, und tausende andere Stoffe, von denen wir noch nichts wissen. Wer also nicht vorhat günstig zur Transe zu werden fährt mit Glas sicherer.

Klar, auf dem Land wohnen nur Idioten. Aber da ist es gesund. Der Feinstaub in deutschen Städten ist übler als in London oder Paris. An dieser Stelle einen herzlichen Gruß an die Kraftfahrzeugindustrie und die CDU für die Wahrung der Bürgerrechte. Am Schlimmsten ist es natürlich an Silvester. Natürlich sind queerfeministische Spaßbremsen nicht weit und wollen das Knallen verbieten. Viel wichtiger ist aber eine generelle niedrigschwellige Reduktion von Feinstaub. Und die bekommt Deutschland partout nicht hin. Weder in Berlin, noch im Spitzenreiter Stuttgart. Fahrräder sind immer noch die Stiefkinder des Verkehrs. Autos vergiften einen mit Benzindämpfen und machen einen fett, Fahrräder laufen mit körpereigenem Fett und machen einen gesund. Ist ja klar wo die Förderungen hingehen. Und im Busch wartet dann noch das Ordnungsamt als würdiger Nachfolger in der Stasi. Sie ziehen Radfahrer raus und brummen ihnen Strafen auf, die genauso hoch sind wie die der Autofahrer. Obwohl Fahrradfahrer selten Menschen töten oder ganze

Landstriche unter Beton veröden und unter Feinstaub vergiften lassen.

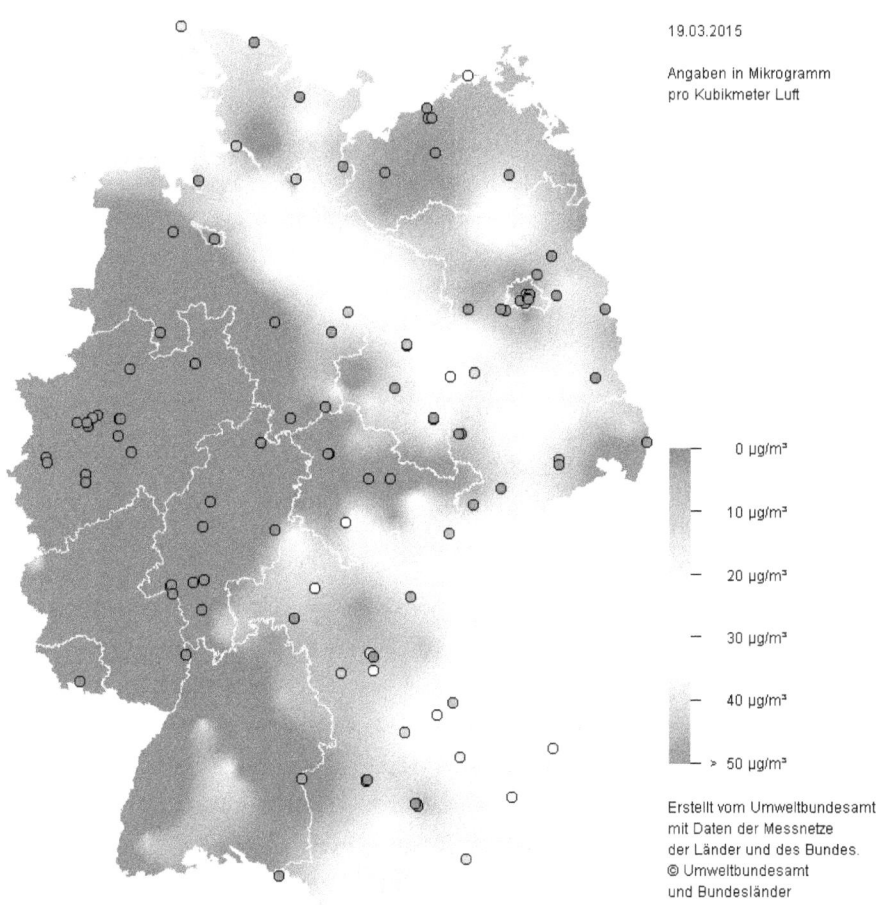

Abbildung 6: *Bock auf einen Spaziergang?*

Der Kampf geht bis in die eigene Wohnung. Dein Drucker will dich töten. Laserdrucker klang in den Neunzigern cool nach Zukunft, aber das Ozon, das beim Druckvorgang entsteht, vergiftet dich schleichend. Besser man schafft sich einen alten Tintenstrahldrucker an, am besten einen der noch keinen Chip für geplante Obsoleszenz hat, der ihm nach ein paar tausend Seiten künstlich den Geist aufgeben lässt.[ccix] Ein Nachfüllset kostet bei Ebay ein paar Euro, die Patronen mit der Spritze an zu stechen ist nach ein paar mal gar nicht mehr so widerlich.[ccx] Nur darauf achten, dass die Nadel fest an der Pumpe ist, sonst spritzt sie raus und man sitzt in einem Krater aus schwarzen Tintensprenkeln. Ein lebendig gewordenes Comic.

Du hast keinen Einrichtungsgeschmack? Dann nimm Pflanzen. Es ist erwiesen, dass grün glücklich macht.[ccxi] Irgendwas in uns ist wahrscheinlich noch auf Urwald geprägt, umso mehr du dir davon in die Wohnung holst, desto besser. Denn Pflanzen filtern ebenfalls Feinstaub. Alles mit vielen kleinen Blättern ist gut, aber genaue Studien gibt es darüber nicht. Wen interessiert schon Lungenkrebs?

Detoxifikation: Death by Sauna

Du bist schon ein halber Cyborg, ohne es zu wollen. Aber deine einzige Superpower ist eine tickende Zeitbombe für dich selbst zu sein. Egal wie vorsichtig du ab jetzt bist, in deinem Körper hat sich ein Haufen Gift angesammelt. Daher brauchst du einen Ölwechsel, die Detoxifikation. Wer faul ist kann Kräutersupplements einschmeißen[ccxii]. In denen sollte folgendes mindestens drin sein: Knoblauch, Zwiebeln, Zitrone, Rosmarin, grüner Tee, Grüngemüse, Koriander (N-Acetyl-Cisteine), Mariendistel, Liponsäure, Vitamin C,B, Selenium, Magnesium. Effektiver ist sicher der körpereigene Rausschmeißer: Schwitzen. Einmal wöchentlich in die Sauna gehen ist bewiesenermaßen gut für die Gesundheit und spült viele der Schwermetalle und Gifte aus dem Körper. Nur nicht übertreiben, sonst endet man so wie der Nowosibirsker Wladimir Ladyschenski. Der machte den Fehler gegen einen Weltmeister im Saunen (und zudem Finnen) Timo Kaukonen anzutreten. Deren Nationaltugend ist: SISU (Stärke). Bei über 100 Grad wurden sie bei lebendigem Leib gekocht. Ladyschenski hatte degopt, seine Haut war mit Kühlcreme eingeschmiert. Als er sich den Schweiß von der Stirn wischte tropfte sie einfach mit runter. Kaukonen wurde mit schäumendem Mund und schweren Verbrennungen raus getragen und knapp wiederbelebt. Ladyschenski starb: In sich selbst gekocht.[ccxiii] Sieger wurde der lachende Dritte Ilkka Pöyhiä, weil nur er aus eigener Kraft die Sauna verlassen konnte. Die Weltmeisterschaften wurden dann auf Eis gelegt. Wenigstens hat ein Finne die letzte doch noch gewonnen. Wenn der Ereignishorizont für Menschen bei 80 Jahren (bei russichen Männern alkoholbedingt um die 50!) aufhört, tendieren sie dazu verdammt dumme Sachen anzustellen.

Die Sauna ist auch eine gute Gelegenheit zur geistigen Detoxifikation: Dem Meditieren. Den ganz privaten Pinguin Palast betritt man aber am besten in der nicht so frequentierten und nicht zu heißen Sauna. Je weniger Geräusche, desto besser. Es kann schon mal vorkommen, dass ein alter Mann rein stolpert und fünf Minuten ächzt, bevor er seinen Platz gefunden hat. Gerade wenn man es schafft seine Gedanken wieder sanft zur Seite zu schieben, lässt er knatternd einen fahren. Da würde auch der letzte Yogi an die Decke gehen.

Test the best

Hat man seinen Arzt gefunden ist der Terror noch lange nicht vorbei. Denn natürlich kann er dir keinen Haartest machen. Den brauchst du aber, um zu wissen wie schwer du im Lebensmittelkrieg verwundet wurdest. Jeder von uns ist voll von Schadstoffen. Die einfachste Art herauszufinden wie fertig du bist ist eine Haaranalyse. Natürlich gibt es die nicht. Nirgends. Wäre ja noch schöner, wenn man sich über seinen Vergiftungsgrad informieren könnte. Man muss Privatpatient sein und dann auch noch hinters KaDeWe fahren. Wenn nichts akutes Vorliegt, aka wenn man nicht am Verrecken ist, hat man keine Recht auf ärztliche Leistungen.

Gentests sind noch entnervender. 23 and me ist ein US-Startup mit einem schönen Namen, dem man glauben möchte, dass es für 100 $ die Gene perfekt sequenziert. Woher kommst du, welche Hunnen haben deiner Urururgroßmutter schöne Augen gemacht und besonders: Was sind deine Gendefekte, was kannst du gegen Sie tun? Leider ist deren Akkuranz ungefähr die von sowjetischer Artillerie. Außerdem fallen die intimsten Daten von dir an, die du je abgegeben hast. Und das in einem Land, das mit NSA,CIA und FBI Deutschlands B-Seite DDR datenschutztechnischen noch jungfräulich aussehen lässt. Demokratie im Endstadium. Kliniken und Ärzte versichern einem gerne in bester preußischer Manier, dass man überhaupt nichts tun wird. Solange es keinen konkreten Befund, keine Beschwerde gibt, werden keine Gene getestet. Prävention ist zwar um ein Vielfaches günstiger, aber schön Pillen reinschmeißen schafft ja immerhin Arbeitsplätze in der Pharmaindustrie.

Haartests sind nicht viel einfacher. Die Ärzte antworten einen, als hätte man Sie übers Telefon mit Syphilis angesteckt. Wir sind hier doch nicht in Agentenfilmen! Raus zu bekommen wie vergiftet man ist steht dem normalen Untertan nicht zu. Selbst wenn, es ist auch außerhalb Mecklenburg Vorpommerns fast unmöglich einen Arzt zu finden der diesen verdammt einfachen Test ausführt. Die Rechtsmedizin an der Charite? Gratulation Zelda, du bist am Ziel. Das heißt, nach 6 Wochen Wartezeit. Haben hier Wichtigeres zu tun, wissenschon.

Sexier als Warten: Als Mann sollte man natürlich sein Sperma einfrieren, als Frau seine Eizellen. Ersteres kostet um die 100 bis 200 Euro pro Jahr, letzteres ungefähr 2000€ - plus 300€ in Jahr. Das ist mal ein gender gap. Man sollte das nicht nur tun, weil das eigene biologische Material mit Mitte 20 am besten ist und danach verfault wie ein Apfel an der Luft. Sondern weil mit potentieller Sterblichkeit ein Hintertürchen sicher sinnvoll ist. Vor allem aber muss man sich dann besonders als Frau nicht mehr von der Torschusspanik verrückt machen lassen. „Social Freezing" ist der hippe Startupbegriff dafür. Nichts ist deprimierender, als eigentlich ungewollte Kinder von späten Eltern, als Familien, die als soziales Selbstmordkommando durch die Gesellschaft eiern. Oder als überforderte alleinerziehende Mütter oder Väter, die sich und ihren Kindern das Leben zur Hölle machen.

Die Tests gehen weiter: Wie steht's mit Lebensmittel- und generellen Allergien? Birke gleich qualvoller Tod durch Hirn raus niesen? Oder darf's was Schönes mit dem Magen sein? Der ist das Fukushima der modernen Medizin: Kaum woanders sind die Symptome so diffus und chronisch. Laktoseintoleranz ist dabei das AIDS des kleinen Mannes. Ungefähr 0,01% der Bevölkerung sind betroffen, aber mindestens ein Viertel redet es sich ein. Man muss nicht Laktoseintolerant sein, um Milch scheiße zu finden. Die Kühe werden durch Vergewaltigung künstlich befruchtet, mit Hormonen vollgepumpt damit sie immer Milch geben und die Milch wird durch Antibiotika erst trinkbar. Eine gute Portion Eiter, Blut und Rattenscheiße ist trotzdem immer drin: Bon Appétit. Fun Fact: Wer Fremdmilch verträgt ist ein Mutant. Alle Europäer zum Beispiel. Unser Körper spielt schon seit tausenden Jahren Cyborg.

Der Leaky Gut Test ist auch relativ wichtig. Nachdem er in den USA schon seit einer Dekade Standard ist, bemüht man sich hier langsam auch mal. Kurz gesagt heißt das dein Darm ist porös und die ganze Scheiße geht im wahrsten Sinne des Wortes ins Blut. Außerdem gibt es noch eine Reihe von Parasiten und Krankheiten wie Morbus Crohn und h. Pylori, auf die man sich testen lassen sollte. Zwar merkt man die, wenn man zwischen Heißhunger und schmerzhafter Sitzung oszilliert. Aber es kann auch subtiler sein. Stell dir vor, dein Leben muss gar nicht zwangsläufig der

Starrkrampf sein, den verarbeitetes Essen aus deinem Verdauungstrakt gemacht hat. „Darm mit Charme" ist ein Sachbuchbestseller, der genau darauf den Fokus liegt. Schade nur, dass es für das Thema eine geile Twenschlampe und Analsexassoziation braucht.

Je älter man wird, desto wichtiger werden alle Tests. Du bist ein altes Auto, du musst öfter zum Mechaniker. Besonders Insulin. Bei dem ganzen Zucker, den wir in uns reinstecken, haben wir gute Chancen alle Diabetiker zu werden. Der Wert sollte nicht größer sein als 12,5 mU/L. Außerdem kann man einen Schnellglukosetest machen und der einem zeigt wie hoch die Konzentration im Blut ist. Die Werte sollten von 3,3 bis 4,4 mmol liegen. Cholesterin darf auch nicht fehlen. Wer zu hohes Cholesterin hat kann durchaus über längere Zeit ein Baby-Aspirin nehmen. Für die Entzündung im Blut sollte auch das hs-crp getestet werden, der Wert sollte weniger als 1,3 betragen. Und ein Profil der essentiellen Fettsäuren EPA, DHA und Arachidonsäure bringt dich weiter. Homocystein muss auch noch mit rein, der Wert sollte niedriger als 7,5 mikromol pro Liter sein. Homocystein ist die Entzündungswerte im Körper, je höher die ist, desto schneller verfaulst du.[ccxiv] Wie fett darfst du sein? Normalerweise gelten 16 bis 20% Körperfett als okay, man sollte aber 10% als Optimum anpeilen. Mehr brauchst du nicht, der Russe wird sobald nicht wieder vor der Tür stehen.

Was du allerdings testen solltest ist Hautkrebs. Da gibt es eine ganz einfache Regel: ABCDE. A steht für Asymmetrie. Wenn der Leberfleck nicht rund ist sie genauer hin. B steht im englischen für Borders. Die Seiten des Leberflecks sind also ungerade oder gezackt, bekomm Angst. C ist die Farbe im englischen, colour. Wenn unterschiedliche Schattierung von schwarz und braun, oder sogar sowas freakiges wie rot pink und blau dabei sind, geh zum Arzt. Und D steht für diameter. Wenn es größer als ein Bleistiftradiergummi ist bekomm` einen Nervenzusammenbruch. Und E steht im englischen für enlargement. Wenn Anleger Leberfleck größer wird häute dich am besten sofort. Und wenn du schon dabei bist, begrabsch dich! Taste dich auf Hodenkrebs ab! Am besten nach dem Baden, wenn du mit dem schmutzigen Sachen fertig bist. Der schmerzt normalerweise nicht, ist daher hart zu finden. Achte auf irreguläre Formen, alles was sich wie ein kleiner Alien anfühlt.

Leider ist es nicht mit einem mal Testen getan. Du musst dich immer wieder testen, auf so Einiges: Der Verdauungstrakt, Vitamine, freie Radikale, Neurotransmitterlevel, Belastungstest, kardiovaskulärer Test, Koronararterien Calcium Test, Cartwright Intima-Media-Dicke, Gentest, Osteoporose, Doppler Test, Periphere Vaskuläre Krankheiten. Und, so eklig es ist, einen CT und eine Koloskopie, also eine Darmspiegelung. Gehört dazu, wenn du ganz sicher sein willst. Ganz sadistische Ärzte lassen sich das auf dem Bildschirm mitverfolgen. Wenn du richtig alt bist, solltest du auch die Hormone testen lassen. Richtig alt heißt sowas wie 50. Wenn du nicht genügend Testosteron hast kannst du ins Fitnessstudio rennen wie ein wilder, das wird dir nichts bringen. Und natürlich noch ein Klassiker: Den Blutdruck sollte man testen. Nach der ganzen Aufregung sollte der zumindest erhöht sein.

Wer schon mit 30 dement ist und sich nicht alles merken kann: Eine gute Liste findet sich auf Forever Healthy.[ccxv]

Kryonik: Ego auf Pause

Einfrieren um länger zu leben? Wie absurd. Geht bestimmt überhaupt nicht. Was Kröten da im Winter tun, ist bestimmt was ganz anderes. Die haben garantiert einen kleinen Atomreaktor oder so. Und was wir 24 Stunden am Tag mit dem Kühlschrank und unserem Gemüse veranstalten ist das unendliche Mysterium von Aldi. Es ist unfassbar wie ignorant Menschen sind, selbst wenn direkt vor ihrer Nase der Beweis liegt. Dummheit braucht keinen Grund.

Kurzweil ist notorisch optimistisch. Was, wenn die Singularität nicht zu den eigenen Lebzeiten passiert? Die Glücklichen, die nach 1967 gestorben sind, steht eine Möglichkeit offen, die eigene Geschichte auf Pause zu stellen: Kryonik. Leider haben das bis heute nur ca. 250 Menschen wahr genommen.

Computer funktionierten heute schon mit der Geschwindigkeit von 33 „Petaflops". Das sind 1.000.000.000.000.000 Gleitoperationen pro Sekunde. Eine Billiarde. Und, weil sich das kein menschliches Gehirn vorstellen kann: Das ist *verdammt* schnell. Aber was ein echter Skeptiker ist, dem ist das nicht genug um das Fleisch in unserem Kopf zu duplizieren. Wenige Experten sind so verbockt auszuschließen, dass wir jemals technisch in der Lage sein werden unser Bewusstsein hochzuladen. Und für die gibt es eine Lösung: Ab in den Tiefkühler.

Kryonik klingt nach Star Trek, und das ist es auch: Sich einfrieren lassen, um in der Zukunft wieder aufzuwachen. Es wäre leichter die Science Fiction Filme aufzuzählen, in denen keine Kyonik vorkommt, als solche mit (Blade Runner, Zurück in die Zukunft, Zadros). Fry gefällt das.

Die Umsetzung ist so tollpatschig, wie wir logischerweise in dem Bereich sein müssen, wenn die ganze Knete stattdessen in Militär und Werbung fließt: Es wird schlicht der Körper auf den absoluten Nullpunkt runter gekühlt. Kurz bevor die Körpertemperatur Null Grad erreicht wird, wird das Blut gegen eine Zellschutzlösung ausgetauscht, bestehend aus einer Salzlösung und einem Frostschutz wie Glycerin. Dieses ist in der hohen Konzentration zwar giftig, aber die Toxizität nimmt mit sinkenden Temperaturen ab. „Dann muss schnell tiefer gekühlt werden, bei etwa minus 130 Grad verglast die Flüssigkeit und wird knochenhart", schildert Profrssor Klaus Sames den Ablauf. „Schließlich wird der Körper dann bei minus 196 Grad in flüssigem Stickstoff gelagert, was theoretisch Millionen Jahre lang möglich ist."[ccxvi]

Das Problem daran ist die Kühlflüssigkeit, flüssiger Stickstoff: Sie muss verhindern, dass sich Eiskristalle bilden, die die Zellen schädigen und den Patienten beim Auftauen aussehen lassen wie eine zerborstene Tomate. Noch sind wir nicht so weit, aber Nanoroboter wären eine Lösung. Falls nicht wird denen in der Zukunft hoffentlich was einfallen. Selbst wenn nicht, was hat man zu verlieren?

Wie immer gibt es auch konservative Stimme, aka Idioten. „Dass tiefgefrorene Tote eines Tages wiederbelebt werden können, halte ich für nicht vorstellbar. Das gehört in den Bereich der Science-Fiction", urteilt der weise Zellbiologe Zenke. Noch drastischer drückt sich der Mediziner Sputtek aus: „Wer glaubt, dass man tiefgefrorene Menschen irgendwann wiederbeleben kann, der muss auch glauben, dass man aus einer Frikadelle wieder eine Kuh machen kann."[ccxvii] Beide hätten sich sicher wunderbar mit den Einsenbahnpropheten aus dem 19. Jahrhundert verstanden.

Ein Kritiker und ehemaliger Mitarbeiter hat sogar einen „Tatsachen-" Roman über Alcor geschrieben; „Frost". Er enthält alles, was für eine RTLII-Verfilmung taugt: Von mafiaartigen Mordkomplotts, Liebe und Eifersucht, Vorstadtmotels, bis hin zu einem Dan-Brown-eskem Buchcover mit hervorstechenden Buchstaben. Sicher hat er eine hübsche Summe verdient – bis zur Verhandlung. Vor Gericht musste er kleinlaut zugeben, dass alles erstunken und erlogen war.[ccxviii] Autoren, unnützes, selbstsüchtiges Pack.

Das wirkliche Problem ist, dass zur Zeit nur 3(!) Einrichtungen diesen „Service" anbieten. Und, dass es „Service" ist. Zum Vergleich: Alleine in München gib es 38 Hundesalons. Und weltweit fast so viele Handyshops wie Gleitstellen pro Sekunde im Petaflop. „Service" bedeutet Geld ist im Spiel. Eine der Einrichtungen ist in Russland, das fällt leider aufgrund der erratischen Staatsführung aus. Zwei weitere sind in den nur minimal besseren USA. Das Cryonics Institute und Alcor, beides gemeinnützige Vereine. Unternehmen wären keine Option, denn wer ein finanzielles Interesse hat wird sich wohl kaum um das Wiederauftauen scheren. Alcor legt das Geld an, nach der Reiskornmethode:

Der Brahmane Sissa ibn Dahir wollte einen Schröderhaft größenwahnsinnigen König beruhigen, indem er ihm das Schachspiel konzipierte. Nur mit den anderen Figuren konnte der König gewinnen. Wie es in Fabeln so ist klappte das natürlich und alle waren grauenhaft glücklich. Als Lohn wünschte er sich ein Reiskorn auf dem ersten Feld, zwei auf dem zweiten, vier auf dem Dritten, usw. Der König lachte über die Bescheidenheit, staunte aber nicht schlecht, als er $2^{64}-1$ oder 18.446.744.073.709.551.615 Reiskörner liefern sollte. Wie man jetzt als König nicht das Gesicht verliert steht nicht in der Bunte. Aber der alte Schlawiner hatte eine Idee. Sollte Sissa mal mit dem Zählen anfangen. Bis der Fertig war würde der längst über den Jordan sein. Für alle, die nicht einem Brahmanen absurde Mengen Reis zugesagt haben bietet Kryonik also in der Zukunft ein gemütliches finanzielles Polster.

Natürlich muss zuerst harter Cash Tisch geknallt werden: Zur Zeit 200.000$ für eine Körpereinfrierung, 80.000$ für den Kopf, plus eine Summe von 10.000$ für alle nicht aus den gelobten Ländern USA und Kanada kommen. Klingt viel, aber im Gegensatz zu allen anderen Deals muss man den hier erst nach dem Tod begleichen. Bis dahin kostet der Spaß 46$ im Monat. Weniger als ein Sportverein oder ein Abend voller Neurotoxine in der Bar.

Wieso soll man aber vor dem Abnippeln schon anfangen zu zahlen? Gute und berechtigte Frage. Gehört in eine Email. Findet Alcor anscheinend nicht. Die antworten so wie der durchschnittliche Stein. Vielleicht erwarten die, man müsste das Ganze als Wohlfahrtsprojekt sehen und den Beitrag als Spende. 30€ ist für die Ewigkeit nicht viel, aber für Spenden kann das schon ein Klopper sein. Vor allem aber: Transparenz sollte erstes Gebot sein. Wenn ihr Euch da keine Gedanken drüber gemacht habt, traut euch das zu sagen. Jemandem, dem man seine Persönliche Ewigkeit anvertraut, sollte Klartext reden.

Kritiker nölen gerne, dass das alles Abzocke sei. Aber Robert Ettinger, Vater der Kryonik, hatte Recht: „If I wanted to make money, this would be one of the worst way to do it."[ccxix]. Ettinger hatte in den vergangenen Jahrzehnten schon mehr als 100 Menschen auf deren Wunsch tiefgefroren - und 78 Haustiere. Die Bilanzen der Vereine liegen offen im Internet, jeder kann sehen, dass das Geld für die technische Instandhaltung, weitere Forschung, und ein paar mickrige Gehälter ausgegeben wird. Maserati-Ehlert von der Treberhilfte würde hier keinen Spaß haben. Die Instandhaltung ist nicht schwer: Alle drei Wochen muss der Stickstoff ausgetauscht werden – und nichts darf auslaufen. Seit 1976 läuft das ohne Probleme. Ehlert war der erste Kandidat. Das ist die einzig nützliche Werbung: Nicht erzählen, machen.

Nicht alle haben einen Hirntumore wie die zweijährige Matheryn Noavaratpong und werden von ihren Eltern eingefroren, oder die 23-jährige Kim Suozzi, die sich die Ewigkeit crowdfundete.[ccxx] Müssen sie auch nicht: Denn Kryonik funktioniert auch nach dem Tod – man muss nur schnell sein. Einen Panikknopf tragen heute schon die meisten Altchen am Arm. Anstatt den Rest einzutüten kann man ihn auch einfrieren. Schon heute leben Rentner selbst in rentnerfeindlichen Molochen wie Berlin länger als auf dem Land, weil im Notfall der Krankenwagen schneller da ist also in Woltersdorf-Schleuse Ost.

Alcor macht mit seinem weit gefächertem Gebiet in Arizona eine gute Figur. Klar ist vieles selbstkonstruiert, aber Kryonikbehälter gibt's selten bei Aldi im Sonderangebot. Jeder kann vorbeischauen, es gibt alle paar Monate Tagungen mit verrückten Geschichten: So wurde neulich erzählt, dass sie einem Wurm beibrachten, eine Chemikalie nicht zu mögen. Er wurde kryonisiert auf null Grad Kelvin, dann aufgetaut. Und siehe, er erinnerte sich. Bei manchen Menschen ist es ja nicht weit zum Wurm. Selbst wenn man skeptisch ist: Was ist die Alternative?

Und jetzt der tödlich deprimierende Teil: Es gibt in ganz Europa nur einen Kryonikkrankenwagen.[ccxxi] Ausgerechnet in Großbritannien. Da will man nicht mal mehr zum Sterben hin. Stirbt hier jemand und hat nicht vor unter der Erde zu verkompostieren, setzt sich sein Team aus Freiwilligen in Bewegung – und bereitet die Tiefkühlung vor. Sie arbeiten mit den Ätzen zusammen, so weit das geht. Was aber, wenn der Todesscheinbestatter erst zwei Stunden nach dem eigentlichen Tod kommt? Bis dahin ist das Gehirn Götterspeise. Normalerweise muss er es ja nicht eilig haben, toter werden seine Patienten nicht. Das Lungengewebe beginnt nach 1 bis 2 Stunden abzusterben, nach 2 bis 4 Stunden setzt die Totenstarre ein. Erst mal am Kiefergelenk, nach 8 Stunden am ganzen Körper. Magen und Darm arbeiten noch fröhlich 24 Stunden weiter, bis sie sich selbst aufzulösen beginnen. In der Hornhaut des Auges lassen sich noch nach unglaublichen 7 Tagen lebendige Zellen finden.[ccxxii] Anna Bågenholm nahm sich selbst unfreiwillig als Versuchskaninchen, die hatten den perfekten Unfall. Für Hirnchirurgen. Im wilden Norden Norwegens stürzte sie in einen vereisten Bach. Bis die Retter in die Wildnis vordringen und sie befreien konnten dauerte es 79 Minuten. Sie überlebte, mit einer Körpertemperatur von 13,7 Grad.[ccxxiii] Der kälteste Mensch der Welt. Heute rettet kontrollierte Hypothermie Patienten das Leben.

Wenn das Gehirn nicht überlebt, kann man den Rest wegschmeißen. Das nützt unserem Ich natürlich nichts, das ist nur die Diaprojektion unserer Fleischlichen Projektors. Aber auch hier macht die Wissenschaft Fortschritte. 2009 wurde Joe Tiralosi mit einem Herzstillstand eingeliefert. Zu seinem Glück ins eins der besten Krankenhäuser Nordamerikas, das Presbyterian Hospital. Sie könnten ihn statt nach zwei, nach bahnbrechenden 47 Minuten wiederbeleben. Ihr Trick? Sie kühlten ihn. Sam Parnia, Intensivmediziner an der Stony Brook University im Bundesstaat New York, stellte schön klar: „räumen Sie Ihr Tiefkühlfach leer, und legen Sie alles, was Sie finden können, auf den Körper – Erbsen, Eiswürfel, Hühnchenschenkel, egal".[ccxxiv] Und ja, die Notfallmedizin hat sich seit 60 Jahren auf dem Gebiet nicht groß verändert, wir haben besseres zu tun. Fettabsaugen zum Beispiel. Wenn sterben, dann wenigstens schön.

Die meisten Kryonikpatienten sind bei Alcor, in den USA. Da muss der Mecki auch erst mal einfliegen. Die wenigsten planen ihren Tod. Aber es ist schon jetzt in Pflegeeinrichtungen ein unausgesprochenes Geheimnis, dass bei den meisten das Ende absehbar ist. Wer weiß schon wie viel Morphium nützt, und wann es den Kandidaten über den Jordan schießt? Selbst Junkies mit jahrelangem Eigentraining bekommen das ja nicht hin. Schon ironisch, dass die gesetzten Normalbürger mit der gleichen Dröhnung aussteigen.

Die meisten werden das Hasskotzen kriegen, aber es ist absehbar, dass der Tod geplant werden wird. Oder das Einfrieren. Schon jetzt steigt die Zahl der Patientenverfügungen jährlich, niemand will auf Dauer ein Gemüse sein.[ccxxv] Und wenn das Gesundheitssystem mitspielt, wäre die Überwindung nicht so groß. Einfrieren als Kassenleistung – wieso nicht? Vor 200 Jahren war der Zahnarzt auch nur was für Reiche.

Wer ganz hart drauf ist legt selbst Hand an. Unlängst hat sich jemand in Deutschland im eigenen Keller kryonisieren lassen. Frankenstein mal umgekehrt. Nichts für jeden, aber so hat der Spaß mal angefangen. Und die ersten Zahnärzte waren auch die Höhlennachbarn. Aber der ganze libertäre Schmonz führt zu nichts, eine Gesellschaft ist eine Zivilisation, weil sie zusammen arbeitet. Niemand sollte sterben müssen. Außer Homöopathen.

Abbildung 7: Deine Vorletzte Ruhestätte

Teil IV: Die anderen Vorbereiten oder: Den Terminator anschreien

„If you really beleive death leads to external bliss, why are you wearing a seatbelt?"

- Doug Stanhope[ccxxvi]

If a reasoning human being loves and values life, they will want to live as long as possible—the desire to be immortal. Nevertheless, it's impossible to know if they're going to be immortal once they die. To do nothing doesn't help the odds of attaining immortality—since it seems evident that everyone will die someday and possibly cease to exist. To try to do something scientifically constructive towards ensuring immortality beforehand is the most logical conclusion."

- The transhumanist Wager

Kryonik und Transhumanismus sind nicht nur bald möglich, sondern auch logisch: Wenn man sich selbst jetzt erhalten will, wieso dann nicht in Ewigkeit? Sonst könnte man sich gleich die Kugel geben. Sich erhalten ist die Grundlage für Wollen generell. Und wir alle wollen. Und sei es nur eine Kugel. Aber wie Fortschritt zu jeder Zeit stehen die schrägsten Allianzen von Christen über Ökos bis zu Neoliberalen bereit, um den Transhumanisten die Scheiße aus dem Leib zu dreschen. Früher hätte man Transhumanisten einfach ins Wasser geworfen und gesehen, ob sie untergehen – und wenn nicht, hätte man sie als Hexen verbrannt. Heute geht das nicht mehr so einfach, von daher legen sich die Gegner hanebüchene Argumente zurecht. Die zu Klump zu treten wird ein Heidenspaß – du stehst +2 auf der Liste für Teil IV.

Treffen IV – Transhumane Partei aus der Asche

Und wieder 1. Mai: Aus dem Weg Kapitalisten? Immer noch nicht. Michael ist jetzt nicht gerade der reinkarnierte Lenin. Überhaupt sind die Transhumanisten bis jetzt bunt durchgewürfelt. Und wieso auch nicht? Wenn technologische Langlebigkeit Wirklichkeit wird, ist es doch wurscht ob durch Individuen, Unternehmen, oder den Staat? Selbst wenn Allah persönlich niederfahren würde und sich selbst überflüssig programmieren wäre alles tutti, oder?

Nicht ganz. Man kann sich zwar einsam informieren, wenn man ein paar hundert Millionen auf der hohen Kante hat. Das eine oder andere SENS-Projekt[ccxxvii] kann auch sicher eine Spende vertragen, danke Michael. Aber eigentlich ist das nicht mehr als auf den heißen Stein gepisst. Alle Erfindungen, die die Menschheit wirklich weitergebracht haben, wurden von Staaten unterstützt. Das Internet, Wind- und Solarenergie, Impfungen von Grippen bis Hepatitis[ccxxviii]: Ein Staat hat sehr viel mehr Ressourcen als alle reichen Übermenschen zusammen. Und klar, Aufmerksamkeit kann auch schaden. Wenn ein Nazi mit Transhumanistischen Parteiausweis rumrennt, wäre das so vernichtend wie damals für die Piraten. Aber generell gilt: Mehr Aufmerksamkeit, mehr gut. Türkische Osthändler haben das seit 5000 Jahren getestet, glaubstu, lan. Besonders in ihren Anfängen sind Bewegungen oft chaotisch und lächerlich. Die verstrubbelten Grünen, die Richter als Arschlöcher beschimpfen und ganz dringend den Jugendschutz beim Sex abschaffen wollten? Historische bestimmt nicht der Renner, interessiert heute aber keine Sau mehr. Oder nur die Springer-Presse. Die Grünen sitzen heute an der Macht, ihre Jugendsünden sind vorbei. Selbst die kreuzkonservative SPD in der Weimarer Republik gebar Barrikadenkämpfer. Sie hatte sogar den Arsch sich Hitler zu verweigern. Absolut unvorstellbar bei so Hampelmännern wie Gabriel heute, der seinen jedem CDU-ler bei jeder Gelegenheit hin hält. Selbst die Liberalen war mal revolutionär. 1848 tanzen die im Vormärz ums Feuer und ließen sich zulaufen bis Sie die Kotzkeller mussten.[ccxxix] Wieso also nicht mal einen schwarzen Sarg durch die Gegend tragen? Bei der

Twitteraufmerksamkeitsspanne hat das jeder den es nicht interessiert in 3 Sekunden eh wieder vergessen. Leider kommt es noch schlimmer. Es geht nach Stuttgart.

Das Ländle begeistert mal wieder mit Feinstaubwerten à la Neu Delhi. Zum Glück fällt das kaum auf, weil der Zug von eine halbe Stunde vorher nach Kotze stinkt. Hier hat sich seit 1848 nicht viel verändert: Die Leute glauben an Liberalismus und saufen bis der Arzt kommt. In jedem Kaff steigen deformierte und in außerirdische Trachten gezwängte Jugendliche zu. Wer sich so anzieht, sollte mit Bodyhacking kein Problem haben. Obwohl es erst 20 Uhr ist, sind die zugelötet wie in Berlin morgens um 8. In Bad Canstatt öffnet sich die Tür auf ein Theater-Still: Ein „Bua" liegt am Boden, fünf Riotbullen auf ihm drauf. Er flucht rum, aber den schwäbischen Bastard von Sprache würde man auch mit 10 Maß weniger nicht verstehen. Der ganze Bahnhof ist voll von unzurechnungsfähigen Traditionsclowns. Der Albtraum jedes Imams: Die Wasn. Hier könnte ISIS seine Rekrutievideos drehen. Es ist die Ländleversion des Okoberfests. Nicht so bekannt, aber kein bisschen weniger furchtbar. Hüttengaudi, Karussels, hirnlose Gewalt. Heulende Mädchen lehnen an zugepissten Wänden. Die westliche Zivillisation, wie man sie gewohnt ist. Stört keinen.

An einem Samstagmorgen nach den Wasn ist die Stadt so ausgestorben ist wie Nowosibirsk. Verbrannte Erde. Die Altbaustraßen haben keine Bäume, dafür kann man in jeder Flucht einen Weinberg sehen. Ghetto.
Vor einem Gemeindezentrum lungert ein Typ mit der elfenbeinerner Gesichtsfarbe rum. Peter ist Informatik Student, Newsflash. Und er hat ein glänzendes graues Hemd an, wie man es zu Parteigründungen so hat. Bert aus Leipzig studiert irgendwas mit Wirtschaft oder Medien, ehemals Zecke. So freundlich, dass seine Bestimmung hundertprozentig Parteisprecher ist. Nach zehn Minuten öffnet immer noch keiner. Die sind nämlich alle schon oben und kommen jetzt mal darauf vor die Tür zu sehen. Scheiße, wenn es da keinen Livestream hin gibt. Sozialkompetenz hoch 100, es lebe die Informatik. Oben eine in einem Paralleluniversum sicher schicke Runde aus Naturwissenschaftlern und Laberfächlern im Verhältnis 8 zu 1. Der ganze Bürokratieschmonz muss bewältigt werden, haufenweise Bäume sterben bei geheimen Wahlen. Dafür haben wir 1848 gekämpft. Trotzdem ist es verdammt lustig, sogar ohne Bier. Marcel wird Vorstand, und das ist auch gut so. Bert Sprecher, das auch. Und Peter sieht verdammt gut aus.

Jeder gute Manager weiß, dass die Pausen wichtiger sind als die Treffen. Und lenkt das Gespräch auf Kurzweil. Stille. Die 8€ Kohlehydrahtkatastrophen gammeln vor sich hin. Kurzweil ist der Gradmesser für die Prophetik im Raum. Wie sehr glaubt jemand, dass wir voran kommen? Darf es ein selbstfahrendes Auto sein oder muss es fliegen? Sind es 10 Jahre Lebensverlängerung, oder

10.000? Marcel traut sich: „Der ist natürlich visionär!". Dann legen sie los: die Prognosen richtig, die Visionen zumindest löblich, alle sind auf Parteilinie. Klar hat er eine Produktlinie für Nahrungsergänzung, aber er veröffentlicht alle Studien. Er ist der ist der Posterboy des Transhumanismus.

Noch wichtiger: Keiner hier hat sein Ticket für Elysium schon gelöst. Keiner will (besonders nicht mit Matt Damon), auf der Insel der Reichen und Unsterblichen wegfliegen. Alle sind sich einig, dass Unsterblichkeit ein Grundrecht und kein Luxus sein sollte.[ccxxx] Ein monstöser Benz egelt vorbei und schmeißt eine Runde Lungenkrebs. Die K-Gruppe hat sich gut organisiert.

Die Zukunft ist abgesagt

Prognosen sind schwierig, besonders wenn sie die Zukunft betreffen"

        - *Niels Bohr (oder Mark Twain, oder Winston Churchill oder Kurt Tucholsky)*

‚Mehr als jemals zuvor sind die Dinge so, wie sie im Moment sind.'

        - *Dwight David „Ike" Eisenhower*

No future hieß es im Punk. Die Zukunft ist abgesagt, heißt es neuerdings bei Zukunftsforschern. Die haben sich so oft gehört, so grenzenlos viel Unsinn vorher gesagt, dass sie grässlich aus der Mode sind. Nicht nur Zukunftsforscher, was ist das überhaupt für ein unsolides Berufsbild, sondern besonders Ökonomen haben sich als völlig weltfremd hervorgetan. Wirtschaftskrise? Hat niemand gesehen. Der Ölpreis hätte noch bis durch die Stratosphäre steigen sollen. Und Griechenland schon lange die EU verlassen sollen. Auch politische Analysten scheinen keine Ahnung zu haben, wovon sie reden. Donald Trump kam bei denen im Repertoire überhaupt nicht vor. Russlands und Azerbaijans Scharmützel? Der Ukraine-Konflikt? Hätte nach denen auf dem Mars passieren können.

Zudem gibt es viele Zukunftsforscher, die Nutten der Industrie sind. Ihre Berichte sind gespickt mit Wortmonstern wie „Spaces of Identity", „Neo-Noblesse", „Stand-up-Consumer", „Social-Shopping" und „Gourmet-Sex". Auch unscharfe Formulierungen wie „Derweil wimmelt es",

„Tendenziell könnte sich" und „Häufig nutzen schon" lassen den Bullshitmelder glühen.[ccxxxi] Was sie voraussagen, ist das, was dem Auftraggeber der Studie gefällt. Sogar zum Beispiel Beate Uhse bei dem führenden Zukunftsforscher Deutschland, Matthias Horx, eine Studie in Auftrag: Die „Sex-Styles 2010".

Alle paar Jahre kommt ein Buch raus, das alle Vorhersagen für frisiert erklärt. Das ist nicht schwer: Wie der alte Hippe wusste: Erschaffen ist schwerer als zerstören. Im Standartwerk den Kategorie „Geht ja gar nicht", „Futurehype" von Max Dublin wird zum Beispiel Fluggeschwindigkeit von Passagiermaschinen als Gegenbeispiel angebracht. Die Stagniert seit Mitte des 20. Jahrhunderts knapp unter der Schallkurve. Kurzweil hat die Antwort:

„The reason for this is that an exponential curve looks like a straight line when examined for only a brief duration. [....] consider that the most advanced mammals have added about one cubic inch of brain matter every hundred thousand years, whereas we are roughly doubling the computational capacity ofcomputers every year [...]. Of course, neither brain size nor computer capacity is the sole determinant of intelligence, but they do represent enabling factors."[ccxxxii]

Außerdem hat Passagierfluggeschwindigkeit begrenzt Aussagekraft über die Singularität. Dass man die mit der 14 Uhr Maschine von Schönefeld erreichen wird, ist unwahrscheinlich. Prognosenskeptizismus ist en vogue, da eine Heerschaar Werber, Börsenhändler und Unternehmer sich auf das Fälschen von Bilanzen spezialisiert haben. Die Zukunft schön zu lügen ist eine Kernkompetenz im Spätkapitalismus. Es gibt einfach sonst nichts mehr, was verkauft werden kann. Die andere Motivation ist schlicht Angst. Wem die Zukunft nicht passt, der hält sie für unmöglich. Menschen erkennen die Realität gerne selbst dann nicht an, wenn sie schon eingetreten ist. Ein „Reichsbürger" wird einem freudig bestätigen im Dritten Reich zu leben, und nicht in der „BRD-GmbH". Ängste wie diese sind besser in Gedichten, als in Argumentationen aufehoben. -- Edward Tenner, *Why Things Bite Back* (1996), macht das mal vor:

Humankind is either on its way to the stars
or hurtling out of a high-rise window to the street
and mumbling, "So far, so good."

vielleicht qualifiziert er sich so für das Überleben, wenn die Terminatoren kommen.

Selbst wenn alle Prognosen zum Transhumanismus Schall und Rauch sind: Versuchen sollte man es trotzdem. Selbst wenn er erst viel später verwirklicht wird: In die Richtung zu forschen ist besser als neue Präzisionsgewehre zu entwickeln. Vielleicht kommt auch ein „Schwarzer Schwan" vorbei und führt alles schneller zum Ziel. Das ist ein Ereignis, das niemand kommen sah, das aber gigantische Auswirkungen hat. Die wichtigste Erfindung des 20. Jahrhunderts zum Beispiel. Sie befreite die Frauen, setzte riesige Potentiale frei, und ermöglichte es Junggesellen nicht völlig zu verranzen: Die Waschmaschine.

Vielleicht musste Horx sich nur gerade seinen neuen Benz finanzieren, denn ansonsten scheint der nicht der Verwirrteste unter dem Weissagern zu sein. Er hat ein Kapitel über Kurzweil geschrieben, in seinem (trotz ekelerregender wirtschaftliberaler Tendenzen) äußerst lesenswerten Buch *Zukunft wagen*. Er wirft ihm vor die Zukunft nur linear als Konstante zu begreifen, Fortschritt nur nach oben offen. Er warnt davor, äußere Umstände nicht miteinzubeziehen. Für ihn ist Zukunft immer eine Rückkopplung mit der Vergangenheit. Der einzige Trend, den es von iPhones über Jeans bis zu Tarantino Filmen über alle Zeiten hinweg gibt, ist Retro. Retro steht für ihn für Renaissance, das Beste aus der Vergangenheit mit in die Zukunft hybridisieren. Insofern geht es in der Zukunft nicht immer geradlinig nach oben, wie Kurzweil gerne und oft behauptet, sondern ab und zu dreht die Geschichte eine Extrarunde. Sieht sich noch mal um. Geht einen Schritt zurück, und springt dann nach vorne. Wie ein verwirrter Köter in der Fußgängerzone.

Für ihn fällt die Zukunft nach dem Pareto-Prinzip ein: 80 zu 20 zu 4. Weitere schöne Beispiele der Pareto-Verteilung: 80% der Leute nutzen 20% der möglichen Wege und erzeugen 80% der Abnutzung auf 20% Fläche. 20% der Webseiten im Internet machen 80% des Traffics aus. 20 Prozent unserer Nahrung 80% der Kalorien.[ccxxxiii] Geh mal in deinem gottverlassenen Kaff auf die Hauptstraße. Überleg dir, welche Läden es vor 15, 20 Jahren schon gab. 80% wird es schon gegeben haben. 20% werden zum Teil verändert sein und nur 4% wirklich neu. Der Lindy-Effekt besagt, dass Erfindungen, umso länger sie schon existieren, bessere Chancen haben noch in Zukunft zu existieren. Ein 15 Jahre altes Smartphone könnte schon bald durch eine Brille oder einen telepathischen Schnuller ersetzt werden. Bis ein 5000 Jahre alter Stuhl ersetzt wird, könnte es noch eine ganze Weile dauern. Auch in den Häusern der Zukunft werden ab und zu wahrscheinlich noch Kerzen brennen. Wie soll man sich sonst amtlich gruseln?

Kurzweil brät er noch einen rein. Ein technisches Utopia in endgültiger Balance wie die Singularität würde keine Evolution mehr benötigen. Wer sagt, dass unsere Kinder keine Robotoer sein könnten?

Wenn Evolution Selbstverbesserung ist, wären dann nicht auch von uns hervor gebrachte Maschinen „natürlich"? Für Horx sind wir die Summe aus Irrtümern. Evolution ist eine Serie erfolgreicher Fehler. So funktioniert für ihn Evolution. Wenn Fortschritt programmierbar ist, fehlt der Anreiz besser zu werden. Na klar schwingt da auch ein bisschen nietzscheanisches „Was nicht tötet härtet ab" mit, aber es scheint nicht unwahrscheinlich, dass nach einer Singularität eine Selbstmordwelle folgen könnte. Aber im Gegensatz zu dem hunderttausendfachen Morden, was täglich aus fortschrittsfeindlichem kapitalistischen Denken verursacht wird, wäre das ein Luxusproblem. Frag mal die 40000 täglich an Hunger sterbenden was die so denken. Die Millionen Verkehrstoten. Die wegen Klimawandel ersaufenden Bangladeshis. Vielleicht ist Evolution ja auch gar nicht mehr nötig. Wenn es ein weltliches Paradies gibt, müsste das ja nicht verbessert werden. Langweilig werden müsste an trotzdem nicht, man kann ja einfach Super Mario 1 auf Gameboy in Bestzeit durchspielen.[ccxxxiv]

Worauf er hinaus will, ist „die heldenhafte Arbeit des Zweifels".[ccxxxv] in der Kubakrise wäre die Welt beinahe zu einem Atompilz geworden.. Die Amis warfen Granaten ins Wasser um ein Atom-Uboot zum Auftauchen zu zwingen . Nur dass der erste Offizier, der sich im russischen U-Boot b59 standhaft dem Befehl von janz Oben verweigerte die Torpedos abzuschießen, verhinderte die Katastrophe. Prognosen sind nur so gut, wie sie dem Zweifel widersprechen können. Alles andere wird Glauben und idiotisch. Allerdings muss man Kurzweil zugestehen, dass besonders seine Prognosen zu Prozessorengeschwindigkeit seit den 80ern frappierend akkurat sind. Der menschliche Körper ist allerdings um einiges komplexer als ein Zweig der Computerindustrie. Wer Zweifel ignoriert, leidet an Methodismus. Er ignoriert alle Fakten, weil seine Methode ja so geil ist. So ging es der Mannschaft vom Kernkraftwerk Tschernobyl. Die Zukunft sollte schon ein bisschen besser aussehen.[ccxxxvi]

Jede Prognose braucht auch Raum für Irrtum. Zufälle sollte man nie unterschätzen, und besonders nicht die Blödheit der Menschheit. Selbst bei den wichtigsten Aufgaben verkacken wir wie ein legasthenischer Grundschüler beim Diktat. Der US-Navy ging zwischen 1950 und 1993 sage und schreibe 380 Nuklearsprengköpfe verloren. Die spanischen Bauern gucken vielleicht blöd, als ihnen so ein Ding auf den Acker fiel. Zum Glück war es zu schlecht konstruiert, um los zu gehen.[ccxxxvii]

Ein gutes System muss mit Irrtümern und Zweifel umgehen können. Das ist das, was die westliche Zivilisation seit Mitte des 18 Jahrhunderts ausgezeichnet hat. Mathematik und Himmelsmechanik beherrschen Chinesen und Araber auch. Doch seit der Renaissance wurde Opposition, Leistungsorientierung und Abweichlertum in das System der Europäischen Gesellschaft eingebaut.[ccxxxviii]

Schon damals wusste man: Kooperation macht einfach mehr Sinn als Konkurrenz. Evolution ist sicherlich beides, aber mehr Kooperation. Das schrieb selbst Darwin in der ersten Ausgabe der ersten Version seiner „Entstehung der Arten".[ccxxxix] Gruppen und Kulturen mit hohem Graden an Kooperation und starker sozialer Zusammenarbeit setzen sich im Verlauf der Geschichte immer wieder durch. Und wir Menschen wollen kooperativ sein. Das ging soweit, das im Ersten Weltkrieg die Soldaten aufhörten zu schießen und zusammen Weihnachten feierten. Der Weihnachtsfriede von 1914 wurde teilweise bis in den Januar herein eingehalten. Erst als die Offiziere drohten Deserteure zu erschießen ging das Schlachten wieder los. Konkurrenz nutzt oft nur politischen und wirtschaftlichen Eliten.[ccxl] Kooperation auf technischer Ebene löst Probleme. Aber genau das wird für viele zum Problem.

Viele Schwarzseher wie der weißrussische Autor Evgeni Mozorov beschreiben, wie Solutionsismus uns arm macht.[ccxli] Das bedeutet grob gesagt, dass Technik das Leben einfacher macht, das Leben aber nur durch Herausforderungen lebenswert wird. Als Beispiel nimmt er ausgerechnet Kochen. Das Internet soll Arbeitsplätze vernichten, und einsam machen, und sogar Diktaturen fördern. Einer Person gefällt das: Lukashenko. Natürlich ist das ausgemachter Schwachsinn. Und besonders beim Kochen ist es schön, dass wir nicht mehr durch den Wald rennen und das Viech erschießen müssen, Feuerholz sammeln, Feuer machen, und alles 24 Stunden in einer Bodengrube durchbraten lassen müssen. Genau wie die Sesshaftwerdung nach dem Nomadentum, gibt uns technischer Fortschritt Zeit uns auf das zu konzentrieren, was das Leben lebenswert macht. Was das ist, muss jeder für sich selbst herausfinden. Ganz bestimmt sind es aber keine Zwänge.

Die wirklichen Untergänge in der Geschichte sind allerdings sehr selten. Ein Kometeneinschlag und ein Vulkanausbruch bei den Dinosauriern. Und die hatten eine Millionen Jahre Zeit vorher fröhlich über den Planeten zu kriechen. Auch das römische Reich hielt sich fast 1000 Jahre, bevor es unterging. Das Heilige Römische Reich Deutscher Nation behauptete das zumindest. Die 156 fehlenden Jahre wurden dezent verschwiegen. Der Industriekapitalismus begleitet uns jetzt leider auch schon 300 Jahre, die Demokratie je nach Definition seit 200 Jahren, französisch, 2500, griechisch, oder 20000, steinzeitlich.

Wir haben trainiert, die Zukunft als ein versprochenes Land zu empfinden. Die Zukunft wird zwar anders, aber nicht unbedingt völlig neu. Wir fahren oft den Mythos der Substitution anheim, wenn wir über die Zukunft nachdenken. Nur weil wilder Onlinehandel boomt, muss das noch lange nicht heißen, dass alle Läden schließen. Es muss ja schließlich noch Spielotheken geben, bevor sich Online-Portale und das Darkweb zum Kauf von Drogen durchsetzen. Und nur weil es Websites gibt sterben auch nicht alle Zeitungen. Wie sollen sonst Arztpraxen gefüllt werden?[ccxlii]

Wer technikskeptisch ist, endet wie die Amischen, oder in Denglisch Amish. Entgegen dem gängigen Vorurteil verzichten die nicht auf alle Technik. Ihre Kutschen haben Blinker. Inlineskates sind erlaubt, was inmitten der Dorflandschaft aus dem 18. Jahrhundert gut skurril aussieht. Autos hingegen sind haram, die zersetzen die Gemeinschaft. Busse, Schiffe und Züge aber nicht. Fernsehen und Computer sind absolut tabu, sie würden die Menschen verwirren.[ccxliii] Diese Meinung teilen immer mehr Menschen, allerdings aus den falschen Gründen. Natürlich macht einen Fernsehen depressiv, allerdings nur wenn man mehr als 90 Minuten pro Tag in die Röhre schaut. Und dann kommt das noch drauf an ob man sich den Bachelor oder eine Doku auf Arte reinzieht. Die Zeit vor dem Computer kann man bei Snuff Pornos verbringen oder bei Wikileaks. Technik ist, wie man sie nutzt. Nicht das Problem an sich. Don't shoot the messenger.

Wobei nicht alles aus den alten Zeiten schlecht ist, der Umkehrschluss gilt nicht. Als die Menschen sesshaft wurden, begann die größte Repression seiner Geschichte: die Ehe. Wer an eine Scholle gebunden ist, ist auf die kleinste Einheit der Familie angewiesen. Bei umherziehenden Nomaden wechselten die Partner, der Stamm war die verlässliche Einheit. Moderne „Urbane Nomaden" nähern sich in Zeiten von Tinder und Polygamie dem wieder an.[ccxliv] Und haben damit einen sehr viel erfüllteres, sorgenfreieres, und geileres Leben.

Und die Millenials? Für die ist die Zukunft vorbei. Auf jede Technik folgt eine Rekursion. Die Formel wird auf sich selbst angewandt. Aus der Globalisierung entsteht die Sehnsucht nach Heimat, Begrenztheit und Zuordnung. Die jetzt 15 jährigen leben in einer endlosen Zeit des digitalen Jetzt. Für sie gibt es keine Zukunft, die Frage stellt sich gar nicht. Der amerikanische Publizist Douglas Rushkoff nennt das Present Shock, die Gegenwart.[ccxlv] Stimmte das, wäre es das Desaströseste, was uns passieren könnte. Gerade jetzt ist es so wichtig wie lange nicht mehr, sich mit der Zukunft auseinander zu setzen. So viel Potential wie jetzt war noch nie – wird aber wahrscheinlich noch kommen.

Eine noch finstere Perspektive auf die Zukunft ist eine graduelle Komplexitätsentwicklung. Das heißt wir erreichen nicht die Ziele, sondern die Messlatte legt sich mit der Zeit immer höher. Die Schwarzseher leiten daraus ab, dass wir von unserem Kontrollwahn Abkommen könnten und müssen, um uns mit der Zukunft zu versöhnen. Es folgen z.b. bei Horx langwierige Beschreibungen von Gärtnerei. Das ist keine Erleuchtung, keine Altersweisheit. Das ist Resignation, Stumpfsinn, Schwäche. Sich mit dem Kleinen zufrieden geben, schön und gut, aber es spricht nichts dagegen Ziele zu haben. Vielleicht allerdings, sich genau festzulegen, wo wir an einem sonnigen Sommernachmittag des 7. Juli 2125 sein werden.

Der Wahnsinn: Religion

„Es irrt der Mensch so lang er strebt!"

- *Johann Wolfgang von Goethe*

„We will be able to live as long as we want (a subtly different statement from saying) forever".

- Ray Kurzweil

Transhumanismus ist Gift für Religionen. Was ihr da im Hintergrund hört ist das Klappern ihrer Zähne: Er macht das Geschäftsmodell der Religiösen kaputt. Wenn die Ewigkeit technisch möglich ist, wer verlässt sich dann noch auf Ammenmärchen? Und der Weltuntergang wird auch verschoben. Die Zeugen Jehovas mussten schon 20 Weltuntergänge abwarten. Stört aber keinen der Gestörten. Den Verstand wir den Mantel am Eingang abhängen, und schon hat man einen Haufen guter Freunde, die einen um seiner selbst Willen und nicht als Bestechung für die Ewigkeit mögen. Weiter gehen und debil grinsen, hier gibt es nichts zu sehen. Nur zu hassen: Diejenigen, die die Zukunft ernsthaft angehen. Entsprechend harsch und mit wenig Nächstenliebe gehen religiöse gegen Transhumanismus als „The Rapture of the Nerds" vor.

Mit Religiösen zu argumentieren ist fürn Arsch. Jeder, der sich einmal entschieden hat an Märchen zu glauben, hat sich von der Rationalität verabschiedet. Das ist kein Problem, solange Religion nur ein hübsches Anhängsel, das Aufpeppen des eigenen trostlosen Lebens ist. Die paar Meter Straße, mit denen in Island Umwege um Elfenbehausungen gebaut werden, können wir uns noch leisten. Quälend wird es erst, wenn man anderen seine Misere aufzwingt.

Und das passiert: Kondomverbote, unreine Frauen in der Menstruation, Genitalverstümmlung: Religionen haben viel zu bieten wenn es darum geht das Leben schlechter zu machen. Die Kurden im Nordirak und Nordsyrier besinnen sich Gerade auf ihre Feueranbeterwurzeln des Zarathustismus[ccxlvi]: Die haben kein Bock mehr sich wegen Koransuren die Birne wegschießen zu lassen. Alle Religionen beruhen im Kern auf Selbstkasteiung: Menschen scheinen es zu mögen wenn man ihnen was verbietet – Freiheit ist anstrengend. Singularität wäre so viel Freiheit, wie die Menschen noch nie vorher gehabt hätten: Der ultimative Horror für Kleingeister, die sich vor dem Denken fürchten. Und genau das erzeugt Religion: Schafe. Jede religiöse Schrift lässt sich in: „Glaub das, weil ich es sage" übersetzen. „Wieso" ist das absolute Sakrileg.

Natürlich hatte Religion mal eine Funktion: Vielleicht war es besser in einem totalitären religiösen Staat zu leben als in gewaltgeschüttelter Anarchie, jeder gegen jeden. Zwar wird mehr und mehr klar, dass selbst die Steinzeitmenschen tendenziell kooperativ waren anstatt sich mit großen Steinen auf den Kopf zu hauen, aber wer Sicherheit will, bekommt die in einer totalitär religiösen Gesellschaft – sicher. Wer herrschen will, dem fällt das mit Religion leichter. Einfach wie die Wahabiten die eigene Religion gründen und auf den eigenen Staat zuschneiden: Ein Paradies für Despoten.

Selbst wenn Religion nötig gewesen wäre um die bösen Menschen vor sich selbst zu schützen: Der Mensch könnte sich in der Singularität selbst updaten. Knallharte Transhumanisten würden schlicht die schlechten Eigenschaften, Eifersucht, Hass, Trotz streichen. So radikal muss man vielleicht nicht fahren, aber ganz sicher braucht man keine Religion um einen zu beschützen. Sie ist die Vormundschaft, das „die Neger brauchen eine gute Diktatur" des Denkens.

Vor allem aber bleibt die Knete aus. Es ist in Mode das Denken auf eine einfache Rechnung zu reduzieren. Meist reicht das nicht, aber bei Religionen hat man einen Punkt. Von Ethologisch über Buddhismus bis zum Islam: Noch jede Religion hat auf ihren Saldo geachtet: Geld floss immer. Transhumanismus ist das Open-Source der Ewigkeit, die Alternative zum Bezahlmodell für nichts. Der Schrecken, den er auslöste, ist nicht nur wegen dem Neuen, dem Fremden, weil Jesus weint, wegen ganz knallharter finanzieller Interessen. Wie soll der Vatikan sich weiter seine Schwulensaunas finanzieren, wenn die Abonnementen wegrennen?

Es ist peinlich für die Menschheit, dass sie Religionen noch immer nicht abgesetzt hat. Mit Transhumanismus ist das in Reichweite.

Religiöse haben ausgerechnet von dem Angst, den sie so sehnlichst herbeisehnen: Dem Erlöser. Nach Berechnungen der einschlägigen Superhirne ist er schon geboren. Sollte es zu einer Singularität kommen, dann wird einer der Erste sein. Wie in *Transcendence* werden die anderen den Wahn schieben, dass der die Weltherrschaft an sich reißen will. Wenn Pinky und Brain das wollen, wieso dann nicht ein potenziell superintelligentes Wesen? Der „Omnipotender" wird auch von Nichtreligösen gefürchtet. Was könnte eine sich exponentiell entwickelnde Intelligenz nicht alles schaffen – oder vernichten? Wären wir Menschen dann nicht nur noch störender Restmüll? Möglich, aber unwahrscheinlich. So wie wir die Natur zumindest schützen wollen, wären nichthochgelandene Menschen dann um ihrer Selbst willen schützenswert. Es rennt ja auch keiner in den Dschungel und knallt den letzten Tapir ab. Im Gegenteil: Je weiter sich Gesellschaften entwickeln, desto mehr achten sie auf ihre Umwelt. Zum ersten mal seit langem nahm 2014 die Bewaldung der Erde wieder zu. Ganz vorne dabei: Europa und China. Eine superintelligente Lebensform hätte, wenn sie die Menschen schon nicht nachholt, größere Pläne, bei denen Menschen zusehen dürften. Und die uns wohl helfen würden. Technische Entwicklung ist in der Vergangenheit selten durch eine Verringerung des Lebensstandards aufgefallen.

Im Kreis der Durchgeknallten schießt einer immer noch den Vogel ab. In diesem Fall ist das die Transhumanist Christian Association.[ccxlvii] Viele behaupten, dass sich der Kreis bei Ultralinken zu Ultrtarechten wieder schließt. Leider ist das Unsinn, kein Ultralinker würde Juden vergasen wollen. Doch bei Religionen wird das was. Die TCA sieht die Singularität als Erlösung an, der Omnipotender wäre dann Jesus. So könnten Religionen sich halbwegs würdevoll aus der Affäre ziehen. Sie müssten nur zugeben, dass die ganzen Verbote unsinnig waren. Billig für tausende Jahre Willkür.

Im Transhumanismus sind die Priester Programmierer. Und im Gegensatz zu ihren kinderschändenden Gegenübern schaffen sie tatsächlich was: Code steuert unser Leben. Kein PC läuft, kein neueres Auto fährt, kein Flugzeug fliegt ohne Algorthymen. Versuch mal einen Priester auch nur eine Vase durch einen spirituellen Akt umschubsen zu lassen. Was viele verwechseln, das ist Glaube und Wahrscheinlichkeit. Transhumanisten halten neue Techniken für wahrscheinlich oder erkennen die, die es schon gibt, an. Ein himmelweiter Unterschied zur Realitätsverweigerung oder zum Glaube an fliegende Pferde. Menschen haben ein Bedürfnis nach Spiritualität. Und das ist auch gut so. Jeder kann die Augen schließen und die lustigen Farben im Kopf wirken lassen. Nur bloß nicht glauben, dass deswegen irgendwo in China auch nur ein Sack Reis umfällt.

Fukuyama: Der Antiantichrist

Wenn der Erlöser sich ankündigt darf der Antichrist auf der Party nicht fehlen. Sein Name ist Francis Fukuyama und streng genommen, und so will er genommen werden, ist er Antiantichrist. Man muss es ihm lassen: Er hat es geschafft mit völligem Unsinn berühmt zu werden. Seine Werke schlagen bei den sich clever vorkommenden Kreisen mächtig Wellen. Sein berühmtestes Werk „Das Ende der Geschichte" postulierte das Ende von Kommunismus, Anarchismus und allem anderen gutmenschlichen Träumen angesichts der siegenden kapitalistischen liberalen Demokratie. So einfach war die Welt in den 90ern. Die Mauer ist weg, folglich sind auch alle Konkurrenzkonzepte weg. Ein Kapitalismusmonopol sozusagen. Natürlich war das krasser Unsinn. Es folgte die Hyperprivatisierung, die vom Bahnchaos über das von Tepco betriebene Fukushima bis zu drei Börsencrashs verursachte. Ein Siegeszug der liberalen Demokratie sieht anders aus. Ganz im Gegenteil: Die Gerechtigkeitsfragen, die von Bismarck bis Marx, soziale Theoretiker aufwerfen sind aktuell wie selten zuvor. Aber wo kämen wir denn da hin, wenn ein Irrtum einen von steilen Theorien abbringen würde?

Fukuyamas neuster Kniff: Transhumanismus ist „eine der gefährlichsten Ideen überhaupt". Man muss sich vergegenwärtigen, dass Fukuyama ein zutiefst konservativer Sack ist. Mit der Einstellung wären seine Eltern nie aus Japan in die USA gekommen, geschweige denn von den Grenzern gelassen worden. Konservative Meinungen stehen gerne nah am Geld, denn Geld ist per se am Eigenerhalt, also am Konservativen interessiert. Es ist also nur folgerichtig, dass ein religiös-republikanischer Komplex einen Professor an der renommierten Privatuniversität Standford als Posterboy sponsort.

Rhetorisch hat er was drauf, natürlich. Das Wichtigste an einem Buch ist der Titel - In einer Werbeagentur wäre er aber besser aufgehoben gewesen. Sein Portfolio steht für den Unsinn, den viele Gegner des Transhumanismus verzapfen: den Eugenikvorwurf, der Aristokratievorwurf, den Überbevölkerungsvorwurf. Gerne darf es absurd sein, sofern es nur Aufmerksamkeit schafft: Nach dem 11. September bekämpfte die Bush-Regierung auf sein Betreiben „Terrorismus". Fukuyamas Kommentar war kryptisch: "Ich war nie ein Sympathisant des Leninismus und war daher skeptisch, als die Bush-Regierung leninistisch wurde."[ccxlviii] Na, dann ist ja gut.

Über Transhumanisten schreibt er: " [Transhumanists] are just about the last group that I'd like to see live forever"[ccxlix]. Um so einer Bullshitfontäne beizukommen muss man seine Vorwürfe im Einzelnen absaugen.

Überbevölkerung: Zu viele Idioten?

Keinen Bock mehr auf Winter? Sprängen alle Chinesen gleichzeitig hoch und kämen gleichzeitig wieder auf könnten sich die Jahreszeiten bei uns um 6 Monate verschieben. Hoffentlich wissen die das nicht.

Es gibt 9 Milliarden Menschen auf der Erde. Zum Glück sind die meisten Asiaten und nicht ganz so sadistisch und asozial wie der weiße Mann. Städte wie Kalkutta wären mit westlichen Mindset nicht machbar, das wäre Mord und Totschlag in der Familienpackung. Trotzdem stellt die schiere Anzahl an Menschen den Planeten vor minimale Belastungen. Selbst in den USA leugnen nur noch Senatoren aus Hillbillystaaten wie Kentucky den Klimawandel. Würden die Transhumanisten das Sagen haben - hätten wir dann bald eine Bevölkerungsexplosion von nie gekannten Ausmaßen?

Das ist einer der Lieblingspanikgedanken der Ökos. Bevor ihr die Mistgabeln auspackt – denkt nach. Wenn der Horror eintreten sollte, dann nur im Zeitraum bis zur Singularität. Sobald Menschen uploadbar sind brauchen wir keine schwitzenden, fressenden, fäkalierenden, Ressourcen verbrauchenden Körper mehr. Eine Existenz im Netz oder in einem Roboterkörper würde weit weniger verbrauchen. Solle es trotzdem zu voll werden ab auf den Mond mit der Baggage. Wer nicht atmen muss und kein Temperaturempfinden hat, ist im Vorteil.

Der Raumfahrtaktivist mit dem bestimmt geilsten Namen des Universums, Marshall T. Savage, schätzt, dass auf selbigem 7,5 Trillionen Menschen (3 Nullen mehr als der Petaflop) unterkommen könnten.[ccl] Bei dem schlimmsten angenommenen exponentiellen 1% Bevölkerungswachstum jährlich wären das locker 1440 Jahre. Viel Zeit sich bessere Argumente zu überlegen.

Das Überbevölkerungsargument ist noch aus anderen Gründen schwachsinnig. Schon heute wird es von Leuten angebracht, die lieber weniger Negerli durchfüttern würden. Es ist ein moderner Darwinismus: Würden die 20.000 täglich an Hunger sterbenden Kinder überleben gäbe es bald keine Parkplätze mehr... Das ist kompletter Mummenschanz, weil die Bevölkerungsanzahl nichts mit der Lebensqualität zu tun hat. Deutschland, Japan und Korea sind einige der dichtestbesiedelten Länder der Welt und wie geht es denen? Ein Problem ist eher, dass die Leute auf dem Land, wo es weniger dicht besiedelt ist, vereinsamen. Würde zudem die Welt weniger orale Fleischeslust empfinden, müssten wir nicht den armen Regenwald für Rinder roden, die uns die Ozonschicht wegfurzen. Nahrungsmittelproduktion mittels Algen könnte in Türmen statt finden, Japan hat den ersten 2014 hochgezogen. Den freien Platz kann man zur Hälfte mit Solarzellen zuklatschen, der Rest freut sich auf die Aufgetauten.

Meistens, wenn Leute sagen es gibt keinen Platz für andere, ist das eine Variation von „Das Boot ist voll". Die wollen einfach keine anderen.

Bin ich Eugenik?

„Es mag zwar sein, dass die <u>Evolution</u> *mit Blindheit geschlagen sei*, doch fest stehe, dass sie immerhin einer strikten Anpassungslogik folge, welche Organismen hervorbringt, die für ihre Umgebung tauglich sind."

- Francis Fukuyama

Eugenik ist in Deutschland nicht unbedingt *hip*. Auf das Sonderangebot ist die eigene Bevölkerung schon mal übel reingefallen, die Abzahlraten waren tödlich. Leitmedien in der geistigen Umnachtung wie die Süddeutsche bezeichnen Transhumanismus als die „schlimmste Vorstellung", eben weil man nicht nur Kinder, sondern auch sich nach belieben optimieren könnte. Die Süddeutsche gibt aber laut Whistleblower Sebastian Heiser schön Tipps für Steuerhinterziehung, die Anzeigen der Lieblingsprivatbanken gehen nahtlos in Artikel über.[ccli] Man muss sich die Miete in München eben leisten können.

Nimmt man ihre Angst trotzdem als authentisches Abbild in der Bevölkerung wahr, dann kommt man auf folgendes: Transhumanismus versucht den besseren Menschen zu schaffen, das versuchte Nietzsche auch schon, deswegen ist alles Nazi. Die Logik kann ruhig mit dem Buttermesser geschmiert werden, es geht mehr um Emotionen.

Eugenik klingt übel, ist aber schon Realität. Behinderte Kinder kann man früh erkennen und sie werden abgetrieben. Wer möchte den Nichteltern dafür Mutterkuchen ans Haus schmieren? Das Gleiche gilt für Abtreibungen. Sie sind eine Form von Eugentik: Gar nicht statt ganz. Wer ungeborenes Leben verteidigt, muss auch an den Baumgeist denken, und kann sich am besten schon mal bei den Fundichristen von TCA vorstellen.

In Kalifornien gibt es schon Kliniken, die prominentes Gengut meistbietend verhökern. Das ist widerwärtig, aber nicht die Schuld des Transhumanismus, sondern des Kapitalismus. Natürlich sind Szenarien denkbar, in denen alle wie Tom Cruise aussehen. Natürlich ist das die Hölle. Aber es ist verdammt unwahrscheinlich. Denn so wie Geschmäcker verschieden sind, werden auch Kinder verschieden sein. Die Partnerwahl ist im Grunde auch eine Form von Eugenik. Wer will wem vorschreiben, was er als fortpflanzungswürdig zu erachten hat? So wie Kevin und Chantal als Namen in Mode waren, wird bestimmtes Aussehen in Mode kommen. Heute ist es der Undercuthaarschnitt, in der Zukunft wird es das Superman-Kinn, die blauen Augen oder die Stupsnase sein. Das kann man gut finden oder nicht, aber mit Sicherheit wird sich in Zukunft niemand mehr sich für Erbkrankheiten, Behinderungen und Krebsanfälligkeit entscheiden. Und das ist auch gut so. Wir betreiben schon seit tausenden von Jahren Eugenik, sie nennt sich Medizin. Problematisch wird es, wenn „minderwertige" Lebende aussortiert werden. Doch das mit Transhumanismus gleichzusetzen ist die SPD Für die RAF zu halten.

Fukuyama hat natürlich noch eine ganze Packung Senf zum Thema. Er stützt seine kritische Haltung gegenüber dem Posthumanismus auf die Menschenrechte, die er traditionell aus der Menschenwürde herleitet. Wenn es künftig möglich sein sollte durch genetische Manipulationen der Keimbahnen die Grundstruktur eines Menschen zu verändern, um eine Vervollkommnung zu erreichen, dann sei das Prinzip, wonach alle Menschen dem Grunde nach gleichwertig sind, in Frage gestellt. Dabei begründet er die Menschenwürde weder durch die Berufung auf Gott, noch positivistisch. Vielmehr leitet er die Menschenwürde aus der Natur des Menschen und liefert somit eine moderne Variante des kantianischen Würdebegriffes. Nach seiner Auffassung ist die menschliche Natur die Gesamtheit von Verhaltensformen und Eigenschaften, die für die menschliche Gattung typisch sind, wobei sich diese eher aus genetischen Umständen als aus Umweltfaktoren ergeben.

Und jetzt geht mal in euch und fragt was nach Nazi klingt: Transhumanismus, oder eine Anschauung, die Menschen auf das genetische reduziert. Der Genpool ist stets im Wandel, Evolution für Anfänger. Mit jedem Bier kann sich der eigene Genpool verändern und das eigene Kind wird später mit minimal größerer Wahrscheinlichkeit behindert. Fukuyamas Ansicht ist veraltet: Nicht die Genetik, sondern das Bewusstsein macht die Würde aus. Nach der Genetik sind wir zu 50% Banane.[cclii] Soll Alf, der freundliche Außerirdische, zu Pillen euthanasiert werden, falls er mal wieder bei uns landet, nur weil er kein Mensch ist?

Die Frage ist: Was ist ich? Leider nicht das, was man denkt. Nicht der Körper. Nicht die „Seele". Das Ich ist eine Illusion, nicht mehr und nicht weniger. Es entsteht im Wechselspiel der elektrischen Signale im Gehirn. Deprimierend, aber hinreichend. Denn obwohl es nur eine Illusion ist, ist es eine erhaltenswerte. So wie man einem Kind nicht den Weihnachtsmann madig macht, können wir uns aktiv entscheiden unser Ich zu behalten – oder zu verändern. Wer würde nicht gerne wie in „Matrix" mal eben Chinesisch ins Gehirn laden? Wäre man deshalb weniger Ich? Alle die zu sehr am statischen Ich hängen haben nie wirklich darüber nachgedacht.

Selbst Leute wie Fukuyama haben ab und an eine gute Idee: Er schlägt vor, die technische und wissenschaftliche Entwicklung in der Bio- und Humanmedizin angemessen zu kontrollieren. Die Staaten müssten ein gesetzliches Regelwerk schaffen. Natürlich. Wer davon ausgeht Transhumanismus sollte sich über Outlaw-libertäre Kapitalisten entwickeln, sieht mal wieder die RAF. Gesetzliche Regelwerke müssen unbedingt Missbrauch verhindern, das nennt man Zivilisation. Leider entwickeln gegenwärtig gelangweilte oder von Todesangst getriebene Milliardäre die Technik, aber nur, weil Staaten nicht aus dem Arsch kommen. Historisch ist das der Normalfall, selten hat ein Staat eine bahnbrechende Erfindung hervorgebracht. Die Erfinder saßen in ihren Kämmerlein und tüftelten. Nur braucht man heute um Gene zu sequenzieren oder Superrechner zu bauen eben zentnerweise Kohle, einen Drachen im Gewitter steigen lassen ist heute nur noch was für Kinder. Was bleibt also von den Thesen Fukujamas?

„The only real danger posed by transhumanism, it seems, is that people on both the left and the right may find it much more attractive than the reactionary bioconservatism proffered by Fukuyama and some of the other members of the President's Council."[ccliii]

- Nick Bostrom, schwedischer Philosoph

Maschinenstürmer und Bomben

Die Ludditen sind zurück. Maschinenstürmer. Normalerweise versteht man darunter die Weber, die Anfang des 19 Jahrhunderts die Webstühle kurz und klein schlugen, weil sie ihre Arbeitsplätze zerstörten. Klingelt da was? Fortschritt aufhalten, weil die Politik keine vernünftige soziale Absicherung gebacken bekommt? Normalweise ist wie so oft falsch: Die Ludditen wollten nur eine Arbeitslosenhilfe.[ccliv] Passt aber nicht so gut in die Siegergeschichte des Besten aller Systeme nach Fukuyama.

Heute haben die Neoludditen Angst vor dem Transhumanismus, genauer, der Technik. Die wenigsten schließen aus, dass wir technisch bald in der Lage sein werden selbst die abstrusesten Ideen umzusetzen. Sie finden es nur doof. Ihr Argument: Wir können es nicht kontrollieren. Und sie haben einen Punkt. 1945 war sich William Leahy, US-Admiral und Berater von US-Präsident Harry S. Truman sicher: „Die Atombombe wird nie losgehen, und ich spreche hier als Fachmann für Sprengstoffe."[cclv] Bereits wenige Monate später, am 6. und 9. August 1945, pulverisierte US-Präsident Truman die japanischen Städte Hiroshima und Nagasaki.

Der Mensch macht immer alles, was er kann – lautet die alte Binsenweisheit. Wenn dem so ist, dann haben Transhumanisten eh kein Problem – und es spricht einiges dafür. Im Bezug auf den Transhumanismus heißt das:

Warwick: „Someday we'll switch on that machine, and we won't be able to switch it off." That might explain why he has very little technology at home, and counts *The Robocop* among his biggest influences. […] All these definitions share one basic premise—that technology will speed up the acceleration of intelligence to a point when biological human understanding simply isn't enough to comprehend what's happening anymore. [cclvi]

Oder:

„How would people on Earth protect themselves from someone or some group in the singularity who decides the Earth and its inhabitants aren't worth keeping around, or worse, wants to enslave everyone on Earth? There's no easy answer to this, but the question itself makes me frown upon the singularity idea, in exactly the same way I frown upon an omnipotent God and heaven. I don't like any other single entity or group having that much possible power over another. „

Da spricht der Universalgelehrte. Zu Kants und sogar noch zu Nietzsches Zeiten, konnte ein MANN mit Fug und Recht behaupten alles zu wissen. So astronomisch falsch lag er damit nicht. Natürlich nur, wenn man Barbarenwissen aus China (und allen Kontinenten, die nicht Europa sind) nicht mit zählt. Man konnte vier, fünf Sprachen sprechen, und was es an Technik, Astronomie und Chemie gab verstehen. Spätestens seit dem 20. Jahrhundert ist das Geschichte. Die Welt ist viel zu komplex geworden um sie zu verstehen. Der erste Anwärter auf die Hardware für die Singularität, der Algorythmus von Google, wird mit Sicherheit nicht so einfach sein wie das Rezept von Coca-Cola. Wahrscheinlich kann ihn schon jetzt kein Mensch mehr überblicken.

Das ängstigt Menschen wie Tiere im Dunkeln. Der Anspruch dahinter ist leider völliger Mist. Klar wäre es komfortabel alles zu wissen, aber schon bei der nächsten Ecke müssen wir passen. Was da spricht ist eher der Kontrollwahn, als ein rationales Argument. Gefahren lauern trotzdem:„But there's a darker side: Instead of acting as a counterweight to Big Brother, could this technology just turn us into so many Little Brothers, as some commentators have suggested?"[cclvii]

Schon heute sind wir alle kleine Big Brothers. Wenn jemand unser Smarthphone oder unsere Erinnerung durchsuchen will, wären letztere für uns fast vorteilhafter. Wir vergessen negative Erfahrungen. Wir wissen nicht konstant, wo wir sind. Und wir wissen nicht auf die Sekunde genau wann wir mit wem kommuniziert haben. Versenken wir deswegen unsere Smarphones im Klo? Und ist die Technik wirklich Schuld? Wahrscheinlich nicht. Besonders bei einer Regierung, die gerade das dritte Mal versucht, die Vorratsdatenspeicherung einzuführen, obwohl alle vom Bundesverfassungsgericht bis zum Europäischen Gerichtshof für Menschenrechte es abgewatscht haben. Hier wird auf die Technik abgewälzt, was die Politik tun sollte.

Wieso sind alle so besessen von Terminator? Von der Vorstellung, dass Maschinen sich gegen uns wenden? Weil es eine Apokalypse ist. Und wir lieben Apokalypsen. In den USA, dem Geburtsland des modernen Zombies, bereiten sich Schulen auf die Zombieapokalypse vor.[cclviii] Christen lieben den Weltuntergang, auch wenn er tausend Mal nicht kommt: Sie erwarten ihn zum nächsten Termin. Selbst wenn er nicht kommt, glauben sie nur noch stärker. Kinobesucher lieben Katastrophenfilme, je spektakulärer die Welt untergeht, desto besser. Verliebte lieben das Drama, nach einer Trennung kann das Leben nicht weitergehen. Apokalyptische Vorstellungen geben uns die Illusion von Kontrolle. Vielleicht wird dann alles ganz grässlich. Aber du hast es gewusst. Und die haben alle noch über dich gelacht als du mit dem Aluhut auf der Pegida-Demo rumgerannt bist.

Und wieso ignorieren alle den Tod? Eben deswegen. Weil sie sich genügend kleine Apokalypsen zurechtgelegt haben, um die wirkliche Apokalypse jedes Einzelnen, das Sterben, ignorieren zu können. Weil Sie vereinfachen wollen. Wie kann einen die Asylantenflut dazu bringen Molotov

Cocktails auf Flüchtlingsheime zu schmeißen, während man über den eigenen Tod noch nie nachgedacht hat? Das ist nicht mehr deppert, das ist zwanghaft.

Werden wir terminiert?

„Das ergibt keinen Sinn. Sie haben Angst vor der Technologie, weil sie eine Gefahr für die Menschheit darstellt. Dennoch haben Sie keine Scheu zu töten. Also haben's sie es wohl nicht so mit der Logik. Doch es mangelt keineswegs an Ironie."

      - Transcendence, *Film 2014*

„Du bist terminiert!", sagt der der Terminator. In den Köpfen. Man bekommt ihn nicht weg. Der beste Wahlkampfhelfer für die Partei für Gesundheitsforschung (weil man ihn nicht erwähnen muss), der Schlimmste für die Transhumanisten (weil er immer mitschwingt). Menschen nutzen täglich 1000 mal Technik. Allein das Smartphone schalten Jugendliche am Tag 135 mal ein![cclixcclx] Ohne Technik werden Sie keine 30 Jahre alt und ohne Ihr Smartphone nach zweieinhalb Minuten verrückt. Trotzdem sind für die meisten, die „Transhumanismus" zum ersten Mal hören, die Terminatoren im Anmarsch. Klar ist das ein Angst Impuls. Klar ist das idiotisch. Aber man muss die Ängste der Bürger ernst nehmen. Und denen dann zeigen dass das völliger Bullshit ist. Wie bei der AfD.

Klar ein könnte

Abbildung 8: Der terminator kann auch Spaß haben

intelligenter Supercomputer aufkommen, der uns nicht mehr braucht:

„Bill Joy, co-founder of Sun Microsystems, struck by a passage from Unabomber Theodore Kaczynski's anarcho-primitivist manifesto quoted in Ray Kurzweil's The Age of Spiritual Machines, became a notable critic of emerging technologies. Joy's essay Why the future doesn't need us argues that human beings would likely guarantee their own extinction by developing the technologies favored by transhumanists. He invokes, for example, the "grey goo scenario" where out-of-control self-replicating nanorobots could consume entire ecosystems, resulting in global ecophage."[cclxi]

Der Milliardär Elon Musk hat dieses Szenario auch vor Augen und warnt eindringlich davor. Stephen King beschrieb schon 1978 in „Gray Matter" eine graue alles vernichtende Wolke. Böse Nanoroboter wären so ziemlich die Definition von Teufel. Und es ist sicher nicht die schlechteste Idee, jeden Computer und besonders jede künstliche Intelligenz mit einem Notfallschalter zu versehen. Das würde auch kein Transhumanist bestreiten. Transhumanist zu sein bedeutet nicht Futurist sein. Das waren zukunftsgeile schwülstige Dichter Anfang des 20. Jahrhunderts. Die haben so Blödsinn abgelassen wie:

„8. Wir stehen auf dem äußersten Vorgebirge der Jahrhunderte! ... Warum sollten wir zurückblicken, wenn wir die geheimnisvollen Tore des Unmöglichen aufbrechen wollen? Zeit und Raum sind gestern gestorben. Wir leben bereits im Absoluten, denn wir haben schon die ewige, allgegenwärtige Geschwindigkeit erschaffen.

9. Wir wollen den Krieg verherrlichen — diese einzige Hygiene der Welt -, den Militarismus, den Patriotismus, die Vernichtungstat der Anarchisten, die schönen Ideen, für die man stirbt, und die Verachtung des Weibes."

- *Futuristisches Manifest*[cclxii]

Nicht yeah, rein in die Zukunft, auch wenn wir uns auf die Fresse packen. Sondern yeah, lass uns sehen was die Zukunft bringt. Jede Technik hat Risiken. Mit der Elektrizität starben sicher auch mehr Menschen an einem Stromschlag. Aber sicher eine ganze Menge weniger an Feuer, weil sie ihre Bude mit Holz heizen und mit Kerzen beleuchten mussten. Mit dem Auto gab es sicher eine ganze Menge mehr Verkehrstote. Aber der Lebensstandard stieg gewaltig, wenn man seine Kasten sauer Bier wochenlang mit der Kutsche quer durchs Land transportieren musste, um ihn an den

Mann zu bringen. Und natürlich ist denkbar, dass ein Supercomputer uns austrickst. Wir würden es nicht einmal merken, geschweige denn verstehen wie. Aber beim Protonenzusammenprall des CERN schreien auch Apokalyptiker, ein schwarzes Loch würde die Welt verschlucken. Ein best off der verrückten Kommentare auf der CERN Facebook-Website:

„"Ich hoffe, das Ding explodiert und zerstört die Idioten, die es gebaut haben."

"Lasst es ausgeschaltet, spielt nicht Gott. Lebt in Einklang mit der Natur, Physik wird uns in den Untergang führen."

"Etwas unerwartetes könnte passieren und das wäre unser Ende. Ich denke nicht, dass unsere hart erarbeiteten Steuergelder zur Unterstützung eines Haufens verrückter Wissenschaftler eingesetzt werden sollten."

"Alle sollten fasten und beten damit diese dämonischen Leute aufgehalten werden, bevor sie die Erde zerstören.""[cclxiii]

Möglich, aber extrem unwahrscheinlich. Wer so lebt, macht Paralyse zum Lifestyle.

Laut Bostrom stellt sich bis Mitte des Jahrhunderts nicht als wichtigste Frage, wie wir Kriege vermeiden oder internationale Beziehungen am besten gestalten. Er fragt sich, wie wir eine immer intelligentere Technik - eine "Superintelligenz", die durch die Kombination künstlicher Intelligenz mit biologischen Elementen im Entstehen begriffen ist - mit einem "Kontrollmechanismus" versehen können, der verhindert, dass sie sich aus Selbsterhaltungsgründen gegen den Menschen wendet.[cclxiv] Klar kann das übel werden. Aber gegen die historische Suizidwelle, die wir gerade erleben, scheint es das geringere Problem zu sein:

„Suicide has increased particularly rapidly in the last 45 years – by 60 percent according to the World Health Organisation. It is epidemic. For every person who succeeds in committing suicide there are 20 people who unsuccessfully try to kill themselves."[cclxv]

Länger leben wäre da nicht die Lösung. Wohl aber besser leben. Wer im Spätkapitalismus mit seiner mageren Rente haushalten muss, ist sicher nicht bester Laune. Oder wer 70 Stunden die Woche arbeiten erledigt, die selbst einem minimal intelligenten Roboter zu blöde wären. Aber auch die pure Perspektive auf ein tendenziell unendliches Leben könnte aufhellend sein. Egal wie lange man sich jetzt abmüht, es wird vorbei sein. Es ist leicht, im Angesicht des Todes die Nerven zu verlieren.

Das Gute ist: Menschen sind zwar Idioten, aber ihre Idiotie ist sehr berechenbar. Sie sehen schwarz, aber wählen weiß. So wie sie eigentlich was Gutes wollen, aber die Macht des Bösen wählen: die CDU. Sobald eine neue Technik verfügbar ist, reißen sie sich darum. Dabei muss sie gar nicht nützlich sein. Alufelgen, Haar-Extensions und Wurstgarmaschinen haben die Menschheit nicht wirklich weitergebracht. Wirklich nervig sind nur Verschwörungstheoretiker. Wer schon in einem Kondensstreifen am Himmel die weltweite Judenverschwörung am Werk sieht, wird bei selbstfahrenden Autos einen Anfall hoch zehn kriegen:

„Despite the obvious successes of 21st Century science and technology—all which can be considered transhumanist in design—many conspiracy theorists do not easily see the benefits. Instead, they choose to focus on the negative side of things; they choose to hate transhumanism. If you tell them the Alzheimer sufferer can remember more via a brain implant, they'll tell you it's also a tracking device. If you tell them artificial hearts are coming and will help eliminate heart disease, they tell you only the elite will be able to afford it. If you tell them a vaccine may thwart Ebola, they tell you it will make children who get it autistic.[cclxvi]

- Zoltan Istvan

Aber mit ein paar Prozent Verrückten muss man immer leben. AfD-Wähler eben. Das sind Leute, die logisch denken nie lernt haben, und es leider auch nie lernen werden. Die sich gegen Argumente in geschlossenen Facebook-Gruppen abschotten. So deprimierend es ist, gegen die und gegen „die hard conservatives" a la Donald Trump hilft wohl nur eins: der Tod. Dummheit muss schlicht und einfach aussterben. Das könnte allerdings ein wirkliches Problem werden. Wenn die Lebensspanne sich tendenziell gegen unendlich streckt; wie bekommt man verrückte Konservative in Machtpositionen wie Trump weg? Vielticht ist Transhumanismus auch nur etwas, das mit einem ausreichenden Grad an Bildung und Demokratie funktioniert. So wie Demokratie nur mit einem Mindestgrad an Wohlstand und Sicherheit funktionieren kann. Das ist ein noch deprimierender Gedanke als aussterbende Aluhütler. Wahrscheinlicher ist aber, dass Bildung sich beschleunigt. Als

Neo in Martix Kampfsport erlernen will, wird der Datensatz einfach in sein Hirn geladen. Je mehr man weiß, desto schwerer wird es Ignoranz zu rechtfertigen. Wann hat Stephen Hawking das letzte Mal dazu aufgerufen ein Land am anderen Ende des Planeten zu bombardieren?

Kein Geld da (für dich)

Ganz hinterhältig ist das Neidargument. Viele hassen Transhumanismus, weil sie glauben, dass das eine Elitenparty wird. Das muss aber nicht sein. Ebenso wie die zwei ersten Leute, die ein Telefon hatten, sicher nicht die ärmsten waren, wird sich die Technologie mit der Zeit zu den ärmeren durchsetzen. Man darf nicht den Fehler machen Schuld als Maßstab für technische Entwicklungen anzusetzen. In den Umweltdebatten ist das heute schon so ähnlich. Man soll die Umwelt nicht verschmutzen, sonst lädt man Schuld auf sich. Aber was, wenn eine neue Technik entwickelt wird, die die Verschmutzung behebt? Solarzellen, Elektroautos, Kunststoffe aus Mais? Die Entwicklung hat Ressourcen gekostet, vielleicht musste ab und an auch ein Affe lobotomiert werden. Aber es lohnt sich. Die Zeiten der schäumenden Flüsse und des sauren Regens gehen überall auf der Welt ab einem bestimmten technischen Niveau zu Ende. Und da muss man auch eine Kerbe für den Elitismus schlagen: Gesamtgesellschaftlich ist er Gift, aber technisch wird immer einer zuerst die Erfindung aus seinem Kopf leiern. Aber natürlich auch nur im richtigen Umfeld. Das ist erstaunlicherweise: Die Schweiz.[cclxvii] Wer's hat, kann sich anscheinend die Zeit dazu nehmen.

Selbst wenn arschiger Egoismus einen zu Transhumanismus antreibt: Wer ist denn schon Jesus? Dann muss die Gesellschaft dafür sorgen, dass Egoismus für die Gemeinschaft nützlich wird. Was anderes sind denn die ganzen Startupförderungen? Die geschehen auch nicht auf liebe zu Adam Smith, sondern weil künftige Steuerzahler heran gezüchtet werden sollen. Synästhetiker wissen: Motivation ist nie schwarz oder weiß, sondern meistens flashig 90s pink-neongelb.

Kryonik darf sich nicht zum Alptraum der Abgehängten deformieren. Keine Gesellschaft würde es überstehen, wenn nur ein Teil unsterblich wäre. Zumindest nicht auf Dauer. Schon heute gibt es 250 Kryogenisierte – nur aufgetaut werden können sie noch nicht. Wenn das technisch möglich ist, bekommt Klassenkampf eine ganz neue Dimension. Die Horden würden nicht die Bastille, sondern

Alcor stürmen und die Kryobehälter aufreißen. Dann wären endlich wieder alle gleich – zum Tod verdammt. Die Herausforderung ist, Kryonik auf alle anzuwenden. Wie früher die minimale Gesundheitsvorsorge mit einem Arztbesuch. Wozu haben wir denn (leider zu viele) Krankenkassen?

Natürlich muss man aufpassen, dass keine superfunktionale, aber extrem spezialisierte und deswegen anfällige Gesellschaft entsteht. Kein Ameisenhaufen durch perfekte Kryonikklone. In der Evolution haben sich immer die resiliente Systeme durchgesetzt. Das heißt ein wenig Chaos und Redundanz geht schon klar und erstaunlicherweise Faulheit. Die ist das Ziel, für das man sich vorher abrackert: Faulheit ist Effizienz. Aber auf Katastrophen muss die Gesellschaft gut reagieren können. Extrem spezialisierte Systeme, wie der martialische Darwinismus der Nazis, sind anfällig. Können sich nicht selbst organisieren, wenn der Führer mal wieder offen es ist. Wissen kann nicht frei fließen. Ähnlich wie bei unserem Urheberrecht jetzt. Den Krieg haben schlussendlich Nerds und Außenseiter gewonnen. So wie Alan Turing, der den Enigma Code entschärfte und somit im U-Boot-Krieg die entscheidende Wendung brachte. Als Dank wurde er wegen seiner Homosexualität chemisch Sterilisiert – und brachte sich um. Aber die Frage ist auch, wofür brauchen wir die Evolution dann noch? Wenn der Tod besiegt ist bleiben noch Probleme wie der Kollaps des Universums in ein paar Milliarden Jahren. Und den zu verhindern wird wahrscheinlich schwer...

Und noch was würde dann besser werden. Das „Zurück zu den Werten!" würde endlich aufhören. In einer Gesellschaft mit technischer Unsterblichkeit für alle müsste niemand aus Neid niedergemacht werden. Jede Religion, jeder Konservativismus postuliert irgendeinen Unsinn. Fasten, Austerität, Nirwana. Es ist völlig egal was, mit den richtigen Werten kann man so ziemlich jedem Gruppenegoismus durchsetzen. Es geht einfach immer um das wir gegen die. Es kommt nicht darauf an, wer welche Werte hat, und wen man deswegen von Ressourcen abschneiden muss. Es geht darum allen Zugang zu verschaffen: Der alte Antifaspruch könnte durch Technik wahr werden: Alles für alle, und zwar umsonst![cclxviii]

Noch ein paar sexy Fakten zum Thema Geld: Mit der Bankenrettung 2007 hätte man jeden einzelnen der 2,6 Milliarden nicht mit sauberem Trinkwasser versorgten Menschen damit aushelfen können.[cclxix] Nicht jedes Jahr eine Bankenkrise? Dann eben jedes Jahr aufs Neue, allein mit dem US-Amerikanischen Militärbudget von 610 Milliarden Dollar. Das würde sicher sehr viel mehr Kriege verhindern als Clusterbomben. Einfach ein kleines Schild dran nageln: „Danke, eure Amis." Selbst die komplett wahnsinnigen IS-Kämpfer würden keine Brunnen zerstören. Geld ist als Maßstab für Möglichkeit völlig ungeeignet. Es gibt heute zehn Mal mehr Digitalgeld als Hartgeld – oder gar faktischen Gegenwert.[cclxx] Der Kapitalismus hat sich von einem zweifelhaften

Beschleuniger (wer sagt demokratischer organisiert wäre der Fortschritt nicht schneller gewesen?) zur einer Bremse der Wissenschaft und Technik entwickelt. Wer weiter denken will als bis zum nächsten Almosen darf sich nicht von Ökonomen verängstigen lassen: Die wollen nur ihren Arbeitsplatz erhalten.

Und selbst wenn man in der dysfunktionalen Austeritätslogik bleibt: Allen in Deutschland wird unfassbar viel Geld verpulvert. Die Partei für Gesundheitsforschung will 1% von jedem Bereich abzwacken – nicht viel für potenziell ewiges Leben. Besser wäre noch den ganzen Bullshit direkt einzusparen: Die Bundeswehr schießt am Monatsende ihre Munition in den Wald, damit sie neue beantragen kann. So funktionieren Institutionen, die nur da sind, um sich selbst zu rechtfertigen. Abschaffen, sofort und komplett. Wie auch den „Verfassungsschutz". Der schützt die Verfassung nicht, sondern bricht sie. Und pisst drauf. Bei jeder Gelegenheit. Massenhaft Bürgerdaten abgreifen, beim NSU-Prozess und anderswo Akten vernichten, dass selbst der Stasi das peinlich wäre, und Nazi V-Männern so viel Knete in den Rachen schieben, dass die ganze NPD-Landesverbände (wie den Thüringischen) so finanzieren können. Die Millionen Liter Milch, die in beunruhigender Regelmäßigkeit auf Felder gekippt werden, braucht auch keiner. Agrarsubventionen lassen Lebensmittel so günstig werden, dass Fettleibigkeit mittlerweile das Privileg der Armen ist.

„Es ist kein Geld da." ist immer eine Lüge. Das heißt: „Es ist kein Geld für dich da". Und das heißt, wer dir das verkaufen will ist ein Arschloch.

Noch fieser ist das antikapitalistische Element. Grob gesagt würde es bedeuten, dass wir durch höhere Technisierung besser ausgenutzt werden könnten. Und das stimmt. Es ist jetzt einfacher Steuern einzutreiben, als in der Steinzeit. Und schon jetzt versuchen gruselige Krankenversicherungen Leute dazu zu überreden Kontrollarmbänder zu tragen.[cclxxi] Ausgerastete Milliardäre wie Richard Branson wollen mit Bitcoin eine völlig neue Ökonomie erschaffen.[cclxxii] Klingt erstmal super, wer braucht schon Banken? Der Trick bei der Blockchain Bitcoin ist aber, dass jede Transaktion an der Geldeinheit nachverfolgbar ist. Und somit alles kapitalisiert wird. Digitale Kopien wäre überall nachverfolgbar. Technische Vielfalt würde durch Wirtschaft verknappt werden. Der Albtraum der totalen Kontrolle. Die ultimative Sklaverei.

Aber so muss es nicht kommen. Im Verhältnis zur Steinzeit ist heute auch ziemlich viel Sklaverei angesagt. Wenn man den Kampf ums Überleben nicht als Sklaverei ansieht. Noch im Mittelalter arbeiteten die Leute durchschnittlich nur den halben Tag: „Nach Immanuel Wallerstein haben verschiedene Sozialhistoriker anhand mittelalterlicher Urkunden herausgefunden, daß im damaligen

England ein Arbeitstag »von Sonnenaufgang bis Mittag« ging".[cclxxiii] Natürlich ist Arbeit die Pest. Es es ist völlig verrückt, dass wir trotz technologischem Fortschritt immer mehr arbeiten. Aber gerade da liegt der Punkt: Technik muss nicht Kontrolle und Leistungswahn bedeuten. Ganz im Gegenteil. Dass Roboter uns die Arbeit abnehmen, bedeutet im Wortsinne, dass wir keine Arbeit mehr verrichten müssen. Dreiviertel der Arbeit, die heute verrichtet wird, dient nur dazu einer reichen Elite die Taschen noch weiter zu füllen. In einer rationalen, transhumanistischen Zukunft wäre die nötige Arbeit für den Nutzen aller auf ein Minimum beschränkt. Hippiefantasie? Klar, wenn die Unversität Oxford nur aus einem Haufen verplanter Kiffer besteht.[cclxxiv]

Was wird?

Wir werden zumindest nicht alle sterben. Wenn wir als Generation zu stullig sind, werden wir abtreten müssen. Ab der Nächsten, spätestens übernächsten aber wird der Anteil derer, die sich kryonisieren und bei Lebzeiten verjüngen lassen, zunehmen. Ab der kritischen Masse entsteht ein Trend – und dann eine Hysterie. Noch nie gab es (begründet) ein so gutes Versprechen wie Unsterblichkeit. Jeder, der weiß, dass die potentiell erreichbar ist, wird nachdenken. Was mit 20 noch weit weg ist wird mit 50 akut. Spätestens wenn du blutige Klumpen Krebs ausscheisst, pfeifst du darauf, was andere denken, wenn du dich einfrieren lässt. Das Gute am Transhumanismus ist: Man muss die Leute nicht überzeugen. Mann muss Sie nur informieren. Allein die Logik wird sie kriegen. Und wenn nicht sterben sie weg. Die ultimative Problemlösung.

Zukünftig müssen wir nur intelligenter sein, da dann niemand mehr wegstirbt. Wenn wir nicht aufpassen könnten wir in einer ultra elitistischen und ultrakonservativen Gesellschaft landen. Aber zum haben Glück haben Konservativismus und Intelligenz eher ein Öl-Wasser Verhältnis. Der absolute Bringer ist eine vernetzte Intelligenz. So wie sie von Linux open source von tausenden Programmierern weiterentwickelt wird und jedem deren Fähigkeiten als Benutzeroberfläche zur Verfügung stellt. Angewendet auf Körper und Bewusstsein könnten wir so kooperieren und uns entwickeln wie noch nie. Alter würde dann nicht mehr Frust und Senilität bedeuten, sondern Zukunft.

Wortfetzen des Tages: „Leute die so hässlich sind, dass du denkst die würden gähnen, aber das bleibt dann so. Himmelfahrtsnasen und dann husten die noch mit offenen Mund, sind einen halben Kopf größer als ihr Typ und tragen keine Pizza, sondern ein Klodeckel." Euthanasie hat nicht den besten Ruf. Berechtigt, Leute wegen ihrer Haarfarbe zu vergasen ist in keiner möglichen Perspektive die Party. Aber lebensunfähige Kinder, selbst Behinderte, werden heute schon abgetrieben. Und das ist auch gut so. Die Menschheit verbringt so unglaublich viel Zeit mit unnötigen hausgemachten Problemen. 18 Jahre Nonstoppflege sollte man sich gut überlegen. In den Knast geht auch keiner freiwillig.

Alle Argumente, die gegen eine sinnvolle Selektion sprechen, sprechen auch gegen Abtreibung. Wieso soll sich eine Frau oder ein Mann nicht aussuchen können, womit sie oder er die nächsten 18 Jahre ihres Lebens verbringt? Fun fact: Meistens entscheidet das der Körper selbst: „Bei etwa 50% aller erfolgreichen Befruchtung der Eizelle kommt es in der zweiten bis dritten Woche zu einem Frühabort die Frau merkt ob nichts davon da der Abgang mit dem Zeitpunkt der Regelblutung zusammenfällt."[cclxxv] Abtreibungsgegner müssten gegen die Natur kämpfen.
Selbst wenn dann alle Kinder blond werden, eine Generation später wird sich der Trend wieder umkehren. Man muss nur mal von Timor nach Australien fliegen. In Timor schmieren sich noch alle weiße Creme in die Fresse und lauf mit Regenschirm am Strand spalzieren. Niemand will ein dunkler Reisbauer sein. In Australien braten sich am Strand die Sunnyboys. Nachfahren weißer englischer Knastis sind so mit Leberflecken übersät, dass man den Hautkrebs schon riechen kann.

Ganz wichtig ist, dass Technik alleine nicht alle unsere Probleme lösen wird. Hoffentlich holt sie uns aus dem Rechts-Links-Grabenkampf raus. Hoffentlich wird die Erde friedlicher, wenn alle was zu fressen, trinken und tendenziell die Aussicht auf ein sehr langes oder ewiges Leben haben. Bestimmt werden sich Leute verantwortlicher für die Erde fühlen, wenn Sie wissen, dass sie in 300 Jahren noch auf ihr leben könnten. Oder verklausulierter: Von Roland Benedikter, einem international tätigen europäischen Politikwissenschaftler und Soziologe, der auf dem Feld der Zeitanalyse arbeitet: „Weil jede "Singularität" als ersten und grundlegenden Trieb den Selbsterhaltungstrieb hat und diesen bei ausreichendem Bewusstsein antizipativ anwendet."[cclxxvi]
Wir sind die kommende Singularität. Und bis wir selber die Wellenintelligentz sind, müssen wir uns leider noch mit einem ziemlichen Bastard rumschlagen: der Politik.

Politik nervt

Politik nervt. Aber anders kommen wir in unserer Lebenszeit nicht mehr dahin, wo es spannend wird: Dass die Forschung soweit ist, unsere Alterung aufzuhalten. Die Wissenschaft wird voranschreiten. Selbst wenn wir à la Belgien wirklich überhaupt nichts hinbekommen. Oder uns mit Pseudoproblem wie „Asylschwemme" und den paar Euro zuviel, die Arbeitslose bekommen, aufhalten. Fragt sich nur, ob schnell genug.

Mit dem Verhältnis Politk-Wissenschaft ist es wie mit der Entwicklung des Fernsehens. Von breiten Sammelkanälen zu Spezial- und Themenkanälen, von Volksparteien zu Spezialisierungsparteien, von Ideologien zu Anwendungen. Fakt ist: Die Technik wird vieles lösen, sie ist der universale Hebel, und sie steht jenseits aller bisherigen Parteien und Ideologien. Die Technik gibt mittlerweile die Geschwindigkeit vor, die Politik sollte die Richtung vorgeben – und scheitert. 2014 hat diese Ideologie angefangen, eine neue Politik zu begründen. Weil der Humanismus zu schwach ist und teilweise veralteten Ideen anhängt, kann der Transhumanismus aufkommen. Wir brauchen deshalb neue globale Programme des Humanismus - vor allem ein Entwicklungsprogramm für die Menschheit und eine konstruktive Auseinandersetzung mit den neuen Technologien. Denn so inhuman und blind, wie unter dem gegenwärtigen Spätkapitalismus, kann es nicht weiter gehen.

Leider sind die Entwicklungen noch zu langsam. Genau deswegen ist es sinnvoller in die Politik zu gehen, als Stiftungen zu gründen, oder zu forschen. Das Altern zu besiegen ist ein großer Schritt und alle großen Schritte haben Gesellschaften immer zusammen getan. Alleine bleibt man als Libertärer auf seiner Ranch im Mittleren Westen zurück und klammert sich an sein Gewehr.

Was geht?

Eine Menge. Der Start des Google-Projekts "Endet den Tod", die Intensivierung der BRAIN-Initiative und die Gründung der "Transhumanistischen Partei" in den USA waren 2014 Schritte auf dem Weg zu einer "transhumanistischen" Gesellschaft. Standpunkte wie auch die der deutschen Transhumanistschen Partei finden immer mehr Anklang. Was vor 10 Jahren unmöglich schien passiert: Die Springerpresse fordert das Grundeinkommen.[cclxxvii] Logik schlägt Ideologie.

Am wichtigsten ist vielleicht, dass die radikale Technikcommunity zur konkreten politischen Kraft wurde - mit Wachstumsperspektive. Und Wirtschaftsperspektive. Nach Zunkunftsforschern wie

Horx wird Gesundheit eines der bestimmenden Themen der Zukunft. Und was ist die anderes als die Ausweitung der Technik auf den Körper? Der Amerikanische Autor Ronald Bailey geht so weit zu sagen, dass „diese Bewegung das kühnste, mutigste, visionärste und idealistischste Bestreben der Menschheit sei"[cclxxviii]

Der Transhumanismus hat sich im Herbst 2014 erstmals als konkrete politische Kraft organisiert und damit eine neue Stufe seines Einflusses erreicht, unabhängig davon, welchen Erfolg die Partei im Einzelnen haben kann oder haben wird. Im Oktober 2014 hat der amerikanische Philosoph und Futurist Zoltan Istvan[cclxxix] die "Transhumanist Party" der USA gegründet. Er will damit 2016 für das Amt des Präsidenten der Vereinigten Staaten kandidieren. Istvan hat 2013 das Buch "The Transhumanist Wager" veröffentlicht, das zum Nr.1 Bestseller bei Amazon wurde Er ist der Begründer der philosophischen Strömung des "Teleologischen Egozentrischen Funktionalismus" (TEF), die für die radikale Bemühung um Selbststeigerung des Einzelnen unter anderem durch "Verbesserung" seines Körpers und Gehirns eintritt. Istvan möchte das zum politischen Programm erheben, was im US-Präsidentschaftswahlkampf eine konkrete Rolle spielt. Er hat dazu sehr potente Sponsoren an der Hand, die seiner Partei im komplett korrupten US-Wahlkampf öffentliche Aufmerksamkeit sichern sollen.

Die Parteigründung der "Transhumanisten" baut auf mehrere Vorinitiativen auf. Ein Impuls zur politischen Mobilmachung der radikalen Technophilen war der offene Brief des zweiten "Weltzukunftskongresses 2045" am 11. März 2013 an UN-Generalsekretär Ban-ki Moon. Darin forderten bedeutende Philanthropen wie James Martin und Mitglieder wichtiger Universitäten wie Oxford sowie Meinungsmacher und Unternehmer aus den USA, Großbritannien, Russland und Kanada unter anderem die staatliche Förderung der Entwicklung künstlicher Körper (Avatar-Roboter). Diese könnten mit weiterentwickelten Gehirn-Computer-Schnittstellen kombiniert werden. Sie forderten zudem die Weiterentwicklung lebensverlängernder Maßnahmen insbesondere für das menschliche Gehirn - eventuell auch abgetrennt vom restlichen physischen Körper -, der Entwicklung eines "vollständigen technischen Äquivalents des menschlichen Gehirns" und schließlich dessen "Verkörperung in einem nicht-biologischen technologischen Substrat" zum Zweck der Unsterblichkeit. Das bedeutet praktisch die Abbildung des menschlichen Geistes als Computerprogramm: die Singularität.[cclxxx]

Die Kongressteilnehmer 2013 gingen davon aus, dass die heutige Menschheit an einer "Entwicklungsschwelle" steht. Nur eine radikale Technologieoffensive könne die Menschen von zahlreichen seiner bisherigen Bedürfnisse und Probleme "befreien", Kriege verhindern, das globale Ressourcenproblem lösen und den Weg zu einer individualitätszentrierten globalen Gesellschaft öffnen. Diese Ziele entsprechen in etwa denen der neuen "Transhumanistischen Partei" der USA von 2014.[cclxxxi] Wenigstens mangelt es denen nicht an Ambition.

„Ich schätze das Potential dieser Partei zumindest in den 13 Weststaaten der USA auf 15-20%.", ließ Istvan verlauten. Aber es geht um Mehr als das. Es geht um einen Mentalitätswandel. Transhumanismus muss nur verbreitet werden. Die Idee braucht nicht verkauft werden wie sauer Bier. Sie zündet durch ihre Logik. Wer will nicht unsterblich sein?

Was tun?

„Was tun?"

       - Lenin

Wenn du die Zukunft erleben willst, dann nur im Wir. Der Einzelkämpfer ist zwar eine schöne Wichsphantasie fürs Ego, mehr aber auch nicht. Außerdem, willst du deine Freunde in der Zukunft nicht dabei haben? Sonst musst du dich wie Fry mit einem Alkoholikerroboter und einen Hummerdoktor abgeben. Nachdem man sich überzeugt hat, dass Fortschritt möglich ist, sich auf den neuesten Stand der Technik gebracht hat, und schon sein Umfeld weichgeklopft hat, bleibt noch der Rest der Welt. Wie man die in Angriff nimmt fasst Zotan Istvan zusammen:

„To begin with, there's no point in pretending society can avoid a future Universal Basic Income (UBI)—one that meets basic living standards—of some sort in America and around the world if robots or software take most of the jobs. Income redistribution via taxes, increased welfare, or a mass guaranteed basic income plan will occur in some form, or there will be mass revolutions that could end in a dystopian civilization—leading essentially to what experts call a societal collapse.

Experts point out that technology is widely responsible for the positive progress the world has experienced since the Industrial Revolution. In the last few decades, that progress is even more pronounced. More people on planet Earth—regardless of wealth—are healthier, more educated, and living longer, according to a recent report from The World Bank. Just about every aspect of human experience has improved across the world as a result of technology. This will likely continue as further tech innovation occurs, even when—especially when—robots take our jobs.

Whatever it is, a longer, more in depth education gives a person's spirit and mind the proper environment to decide what it's heart is all about."[cclxxxii]

Ein paar einfache Schritte wären nötig und möglich um alles ins Rollen zu bringen:

1) Den Wissenschaftlern und Technologen der USA die Mittel zur Verfügung zu stellen, um den "menschlichen Tod" und das Altern innerhalb von 15-20 Jahren zu überwinden - ein Ziel, das laut Istvan eine wachsende Zahl von führenden Wissenschaftlern für realistisch hält.

2) Eine "kulturelle Mentalität" zu kreieren, die von der Annahme ausgeht, dass "radikale Technologie zu akzeptieren und zu produzieren" ,im besten Interesse der Menschheit "als Spezies" sei.

3) Die Bürger vor dem Missbrauch von Technologie zu schützen und die planetaren Gefahren, die der Eintritt in die "transhumanistische Ära" bedeutet, zu erklären.[cclxxxiii]

Für jeden, der jetzt gerade nicht am Wahlstand oder an der Schaltzentrale der Macht sitzt, bedeutet das: das Maul aufmachen. Auch mal riskieren über einem Rotwein angeschrien zu werden. Große Bewegungen fangen immer erst als Ideen an. Georg Büchner wurde für seine minimalen „Krieg den Palästen, Friede den Hütten"-Sozialvorstellungen noch aus dem Land gejagt. Jetzt passiert das nicht mehr so schnell, also: Keine Angst! Die macht nur fertig. Das Konzept Transhumanismus ist nicht die Aldipackung Formfleisch: Es ist nicht fertig. Erst im gesellschaftlichen Dialog gewinnt es Kontur. Wenn demnächst diese unangenehme Stille im Gespräch auftaucht, oder wenn man schon wieder über das Wetter redet, wieso dann man nicht die Frage auf den Tisch klatschen, ob sterben so sinnvoll ist?

Die Zukunft kann kommen. Transhumanismus stellt weniger die Frage ob, sondern wann. Was noch schöner ist: Transhumanismus spielt in Sachen Sinn in der ersten Liga. Man kann offen zugeben, das ist ein gutes Gefühl ist, nicht unbedingt nach 80 Jahren für immer weg zu sein. Das macht das Leben um einiges freudvoller. Die ganze Zeit zwanghaft den Tod zu ignorieren ist keine Lösung. Davon kriegt man nur Krebs.

Bleibt nur zu hoffen, dass sich die Politik schnell genug organisiert. Wir scheinen gerade besonders in Europa in einer Phase der Regression zu sein. Konservative rechte Denkmodelle haben überall

Konjunktur, Angst frisst die Perspektiven auf. Das Lebensmotto eines Experten beim Thema Katastrophen, dem Holocaustüberlebenden Simon Wiesenthal, war: „Aufklärung ist Abwehr."[cclxxxiv] Transhumanismus wäre eine Möglichkeit uns nicht nur als Afrikaner, Europäer, „Christdemokraten" oder Kommunisten zu sehen. Wir würden uns als das sehen, als was auch die Außerirdischen und sehen würden: als Menschen.

Und hoffentlich bald als mehr.

Interviews mit Unsterblichen

Zoltan Istvan

Hi, for the uninformed: Who are you to be so important to be here?

Well, I don't know how important I am, but I'm the first science presidential candidate in the US, as well as the first atheist one in history. So that's given my campaign a lot of visibility in the media.

Wow. Where is your name originating?

My name is Hungarian, and while I was born in America, I do have a Hungarian passport too.

You wrote the „Transhumanist Wager", in which a life- or death scenario with the pro-transhumanist main Character plays out. When is the Transhumanist Party taking over the world?

I don't think the Transhumanist Party will take over anything in politics anytime soon, but there are now about 20 international parties, and we are growing in size, almost everyday. It's nice to see society taking transhumanism seriously.

In your best years you were sailing the south seas without GPS and living the simple beach life – while writing about it for a magazine. What`s your stance on anarchoprimitivism? How would you close the gap between „lefties" who especially in Europe hold these views and transhumanism?

I just don't believe in anarchoprimitivism, even though at times with so much technology, I can see why that philosophy has caught on. But I believe technology has helped us become better as humans and better as a civilization. I think that trend will continue.

Are you a libertarian? How is your stance on gun violence, surveillance and basic social income?

Yes, I'm a left-leaning libertarian. I don't support gun violence, of course, but I do support the right to bear arms. I don't like surveillance, but sometimes it is useful. And I definitely strongly support a Universal Basic Income. It's been a major platform of the Transhumanist Party and my presidential campaign.

Are you as afraid of Donald Trump as I am?

I don't think I'm as afraid of Trump as you are, but I definitely prefer Hillary Clinton over him, if it's a choice. I do worry that Trump's personality could land America in hot water with other countries.

It transhumanism, for you, a private initiative or should the state get involved?

I think it's something the state must get involved in, to make sure it's spread equally. But I still would prefer a more private approach that dominates the movement.

Do you think robotics or biotech will get us to the point of not diying earlier? What are the most impressive inventions in the fields?

The most impressive inventions right now are the robotic heart. I also think the exoskeleton suit will change life for many old people who can't easily move anymore. And the brain wave tech that's come out recently will one day put the smart phone in your head.

What`s your personal longevity strategy in terms of food, supplements, sport or relaxation?

I run or swim everyday, but since I'm only 43, I don't take any supplements yet. I do try nootropics from time to time to think better.

Where do you see yourself in 30 Years? As an ether, a nanobot-goo or in Washington with company in

Delaware?

I see myself as a cyborg philosopher with lots of machine parts, hopefully still writing books and giving speeches. I hope to be a person who makes the world a better place for everyone.

Aubrey de Grey

For those who regrettably do not know you, could you describe you field of enterprise?

I am a biomedical gerontologist, which means I work to develop new medicines tht can allow people to remain youthful in old age.

What are the most encouraging results of your studies so far?

We get encouraging results all the time, but they are hard to explain without a lot of technical background. One example that is reasonably easy to explain is that we identified bacteria that can break down the main toxin that causes atherosclerosis, and we used the genetic information from those bacteria to let human cells break it down too, thereby eliminating its toxicity.

Lots of people will realize you by the beard. Is that a marketing stunt to promote your research?

No - it's because my wife likes it.

Would you consider yourself a transhumanist?

No. I think of myself as a simple medical researcher.

What is a transhumanist in your view, and what part are you missing?

I think most people who call themselves transhumanists are more focused on future humans being able to do things that are impossible now, like travelling in space fast enough to colonise other planets. I'm more focused on preventing the change that happens to humans with time, rather than creating change.

State or private enterprise – which one will get us to longevity first?

Neither. It is definitely a collaborative crusade.

As for private donors: How is you stance on people like Peter Thiel, who also finances Donald Trump?

Peter has been a massive asset to out work.

You dont frear conflict of interest? What is your stance on capitalizing lonevity, so that it will be limited to only some?

I'm quite sure that the private sector will play a huge role inbringing these therapies to the public, and I'm equally sure that that will in no way result in any limitation of availability. Putting it smply, governments sit in the middle of the conflict you're imagining: if the electorate want something to be available universally, and the companies that have funded its development want to make their money back, both things can happen and be insulated from each other.

Lets get personal: Do you take Supplements?

No, but that doesn't mean that I don't think anyone should. Everyone is different.

In how far are you different? Bill Faloon from Life Extension might be a bit of a radical in using nealy all his products daily. But even the American Dietary Association states that Vitamin Supplementation is useful.

It's not a different as you may think. When I say everyone is different, I really mean it: some people live way longer than others (by the standards of what can be achieved with any intervention), and that's because they are somehow built well. They age unusually slowly. I seem to be one such person, so I feel that the right policy for me is to take into account that we don't know what makes some people age slowly and to not fix what isn't broken. Now, of course I appreciate that this will hange eventually, and at some point I will almost certainly decide that the balance of probability leans towards taking certain things - but that hasn't happened yet.

You once stated your wife is a good cook: Are you vegetarian or vegan? What is our stance on that in terms of achieving a high age?

I eat everything. I don't think it makes much difference to longevity, so long as one ensures proper intake of micronutrients..

Do you monitor this via medical checks, or hw do you evaluate yourself?

My view of the (virtual lack of) effect of diet is not from self-evaluation, but from comparison of different societies, lifestyles etc.

Do you think you will see the point were technical advancement add more lifespan to your life than you lose?

I would say I have a 50/50 chance. But I don't spend time thinking about that.

Arent you afraid of death?

No - but that could be misunderstood unless I elaborate, so I shall. Fear is`nt just dislike - it is diskile that is intense enough to result in not determining the best course of action to avoid the thing in question. I definitely don'T want to die, but I feel that dislike in a way that doesn't throw me off the track of doing the best things to avoid dying.

What do you think of Ray Kurzweils predictions?

They aren't all that much different from mine.

Have you heard of the "Church of Perpetual Light?" Do you think their approach uses or harms the cause?

Yes I have. I think they have a place in the community; there is probably a section of society that they get through to more than I or other spokespeople do.

The same for Zoltan Istvan and the Transhumanist Party?

Ditto.

Would you say California is a centre for longevity studies? How do you see Google in that respect?

There's certainly a lot going on in California, and of course SENS Research Foundation is based there, so yes. Google is doing quite a bit in this area - Calico is the most conspicious activity, of course, but there are other projects elsewhere within the company. They may not be focusing on the most promising areas, but they're bound to make a difference.

How do you relax?

In my hot tub.

Thank you very much for the interview!

My pleasure!

DISCLAIMER:

Ich habe dieses Buch nach besten Gewissen und gefährlichen Halbwissen zusammengestümpert. Wenn wem Fehler auffallen, immer her damit. Wird geändert, so ist Internet. Oder wenn wer meint sein Absatz, Kapitel oder Link muss rein: Seit willkommen in der Hall of Fame. Natürlich empfange ich auch gerne Feedback, Hass- und Drohmails. Bitte mit vielen kreativen Kraftausdrücken an dakristjanknall@gmx.net.

Bevor ihr weint: Das hier ist kein sterbensödes „Sachbuch". Klar erfahrt ihr alles, was ihr über Unsterblichkeit wissen müsst – aber auch eine Menge mehr. Groteske Anekdoten, unnötig beleidigende Formulierungen, unnützes Wissen. Das, wieso das Leben Spaß macht. Nur weil man sich informieren will, muss man noch lange keine Scheißzeit haben.

Viel Spaß und ein schönes langes Leben!

TPD – Transhumane Partei Deutschland

Hallo, könnt ihr euch kurz beschreiben?

Was ist Euer Alleinstellungsmerkmal im Gegensatz zu den etablierten Parteien?

Seit ihr eher „rechts" oder „links"?

Was haltet ihr von der „Partei für Gesundheitsforschung"?

Wie seht ihr eure Chancen?

Wie steht ihr zu Zoltan Istvan?

Was entgegnet Ihr Skeptikern, die es egoistisch finden, sich schon jetzt um die Unsterblichkeit zu kümmern, obwohl noch eine Milliarde Menschen hungern?

Partei für Gesundheitsforschung

Bist du der Jünger der Unsterblichkeit?

Wofür steht die Partei für Gesundheitsforschung?

Wie siehst du die Chancen?

Die Piraten hatten schwer mit Radikalen, die einzelne Standpunkte bestetzten zu kämpfen. Was entgegnest du Skeptikern, die sagen mit nur einem Thema könne man keine Politik betreiben?

Wäre dein Anliegen nicht besser in einer Stiftung aufgehoben?

Bist du ein Transhumanist? Wieso, oder wieso nicht?

Wie sieht dein Speiseplan aus?

Was hältst du von Supplements?

Wie lebt man, wenn man das Ende immer vor Augen hat?

i	„None of them are fucking alright Danny ok? They're all a bunch of fuckin' freeloaders. Remember what Cam said we don't know em we don't wanna know em They're the fucking enemy. Now what don't you like about them and say it with some fucking conviction!", American History X, http://www.imdb.com/title/tt0120586/quotes
ii	Die Stärke des Survivors liegt in seiner Vielseitigkeit, die ihn bestmöglich unangreifbar macht. Diese Vielseitigkeit ist eine Mischung aus Muskeln, Hirn und Seele. Survival enthält Elemente von Robinson Crusoe, Pfadfindern, Rangern, Kampfschwimmern, Rettungsschwimmern, Abenteurern, Entdeckern, Wissenschaftlern, Detektiven, … . Eine Wahnsinnsmischung ist Survival." Rüdiger Nehberg alias Sir Vival.
iii	http://www.spiegel.de/fotostrecke/peinliche-prognosen-fotostrecke-109901-10.html
iv	https://books.google.de/books?id=Tep4AAAAQBAJ&pg=PA191&lpg=PA191&dq=Das+Pferd+wird+es+immer+geben,+Automobile+hingegen+sind+lediglich+eine+vor%C3%BCbergehende+Modeerscheinung.&source=bl&ots=F_3fNfRmHF&sig=nb6L6QOJDnMZPMmjSj8ic1EBFBM&hl=de&sa=X&ved=0ahUKEwjJ6P_4u4nMAhWFfiwKHcMyAjUQ6AEIMTAD#v=onepage&q=Das%20Pferd%20wird%20es%20immer%20geben%2C%20Automobile%20hingegen%20sind%20lediglich%20eine%20vor%C3%BCbergehende%20Modeerscheinung.&f=false
v	http://www.focus.de/auto/news/die-zehn-besten-zitate-ueber-autos-von-fehleinschaetzungen-wahrheiten-und-quatsch_id_4837978.html
vi	http://www.spiegel.de/fotostrecke/peinliche-prognosen-fotostrecke-109901-17.html
vii	http://www.spiegel.de/fotostrecke/peinliche-prognosen-fotostrecke-109901-18.html
viii	https://books.google.de/books?id=t0VRCwAAQBAJ&pg=PT55&lpg=PT55&dq=Dieses+Telefon+hat+zu+viele+Schw%C3%A4chen,+als+dass+man+es+ernsthaft+f%C3%BCr+die+Kommunikation+in+Erw%C3%A4gung+ziehen+kann%E2%80%9C&source=bl&ots=MQETccWrQ3&sig=w_wXPDYOmYXtSb9k4XTi0nusms4&hl=de&sa=X&ved=0ahUKEwj_xfazvonMAhWJKiwKHRtDBSMQ6AEIIzAB#v=onepage&q=Dieses%20Telefon%20hat%20zu%20viele%20Schw%C3%A4chen%2C%20als%20dass%20man%20es%20ernsthaft%20f%C3%BCr%20die%20Kommunikation%20in%20Erw%C3%A4gung%20ziehen%20kann%E2%80%9C&f=false
ix	http://www.spiegel.de/fotostrecke/peinliche-prognosen-fotostrecke-109901-14.html
x	http://www.iknews.de/2011/07/15/welt-politische-hilfs-und-ratlosigkeit/
xi	http://www.tecchannel.de/server/hardware/466465/it_irrtuemer_fehlprognosen_fehlentscheidungen_manager_fehler_computer/index4.html
xii	NZ-Herald vom 15.12.2008
xiii	http://www.pcwelt.de/ratgeber/Die_spektakulaersten_Fehlprognosen_der_IT-Geschichte-6948150.html
xiv	http://www.chip.de/news/Microsoft-Boss-In-zwei-Jahren-kein-Spam-mehr_13712839.html
xv	http://www.pcwelt.de/news/Unglaublich-9-kuriose-Geschichten-ueber-Patente-und-Marken-463068.html
xvi	http://www.finanzen.net/top_ranking/top_ranking_detail.asp?inRanking=1251&inPos=8
xvii	http://www.kurzbefehl.ch/technologie-eine-heitere-geschichte-des-irrtums
xviii	http://www.nachdenkseiten.de/wp-print.php?p=32745
xix	https://www.youtube.com/watch?v=UFzVn740rf8
xx	http://thebulletin.org/timeline
xxi	https://www.teslamotors.com/blog/first-across-us-supercharger
xxii	http://derstandard.at/2000004028051/Der-Semmelweis-Reflex
xxiii	https://books.google.de/books?

id=LXmUBgAAQBAJ&pg=PA51&lpg=PA51&dq=semmelweis+reine+zeitverschwendung&source=bl&ots=QKjxI5Ll7g&sig=7Um_Z-PhD5vhTeLDS01NYl5bWiA&hl=de&sa=X&ved=0ahUKEwiwqMnrxInMAhUEWSwKHTbvBKQQ6AEIHzAA#v=onepage&q=semmelweis%20reine%20zeitverschwendung&f=false

xxiv https://books.google.de/books?id=bd2EBwAAQBAJ&pg=PA35&lpg=PA35&dq=Sch%C3%BClerinnen+in+der+Lehre+des+epidemischen+Kindbettfiebers+zu+erziehen,+so+erkl%C3%A4re+ich+Sie+vor+Gott+und+der+Welt+f%C3%BCr+einen+M%C3%B6rder.%E2%80%9C&source=bl&ots=TyvdHEs7Yq&sig=Q68fupClM_buErEWAL_hEIpxYvo&hl=de&sa=X&ved=0ahUKEwjn_bqExYnMAhWFKCwKHUSaAfQQ6AEIHTAA#v=onepage&q=Sch%C3%BClerinnen%20in%20der%20Lehre%20des%20epidemischen%20Kindbettfiebers%20zu%20erziehen%2C%20so%20erkl%C3%A4re%20ich%20Sie%20vor%20Gott%20und%20der%20Welt%20f%C3%BCr%20einen%20M%C3%B6rder.%E2%80%9C&f=false

xxv http://www.sepsis-gesellschaft.de/DSG/Deutsch/Krankheitsbild+Sepsis/Geschichte+der+Sepsis?sid=0V0N79xK3cJTSEWt6iJuZM&iid=2

xxvi https://de.wikipedia.org/wiki/Duell

xxvii https://de.wikipedia.org/wiki/Ignaz_Semmelweis

xxviii http://www.duesberg.com/

xxix http://www.hks.harvard.edu/fs/rzeckhau/SQBDM.pdf

xxx http://www.decisions.ch/publikationen/confirmation_bias.html

xxxi http://www.deutschlandradiokultur.de/arbeitsmarkt-zuwanderer-bringen-dem-staat-geld.1008.de.html?dram:article_id=304517

xxxii http://www.spiegel.de/unispiegel/studium/die-schlimmsten-fehlprognosen-von-wissenschaftlern-und-managern-a-868979-4.html

xxxiii http://www.atheisten-info.at/downloads/Vorhaut.pdf

xxxiv http://www.usatoday.com/story/news/2014/10/22/mormons-explain-sacred-underwear/17714907/

xxxv https://en.wikipedia.org/wiki/Buraq

xxxvi http://islamfatwa.de/gottesdienste-ibadah/45-reinigung/al-haidh-menstruation-und-an-nifas-wochenfluss/1036-durch-menstruation-oder-wochenbettblutung-wird-eine-frau-nicht-unrein

xxxvii https://theislamicworkplace.com/disability-and-islam/

xxxviii http://www.nytimes.com/2004/08/04/opinion/martyrs-virgins-and-grapes.html?_r=0

xxxix http://www.towerwatch.com/Witnesses/statistics/partakers.htm

xl https://books.google.de/books?id=NHosWhaeWDQC&pg=PA112&lpg=PA112&dq=hell+punishment+eat+own+children&source=bl&ots=JkdVPHBcJl&sig=5dqUOegCSfClpi22oBYe2eM11Zo&hl=de&sa=X&ved=0ahUKEwi1mo7l7ovMAhWHfhoKHUvTBhMQ6AEIIzAB#v=onepage&q=hell%20punishment%20eat%20own%20children&f=false

xli Neurasthenie (Nervenschwäche, von τό νεῦρόν neuron „Nerv" und ἀσθενὴς asthenès „schwach") ist eine im ICD-10 enthaltene psychische Störung. Sie wird zur heutigen Zeit nur noch selten diagnostiziert und spielt in der psychotherapeutischen sowie psychiatrischen Praxis kaum noch eine Rolle, da inzwischen andere Krankheitsbilder (u. a. Depression, Erschöpfungsdepression, Burn-out) beschrieben wurden, welche die Symptome der Neurasthenie umfassen bzw. einschließen. Sie wird im Deutschen häufig als „reizbare Schwäche" bezeichnet. Neurasthenie gehörte im ausgehenden 19. und beginnenden 20. Jahrhundert zu den Modekrankheiten einer gehobenen Gesellschaftsschicht. Eine Abwechslung verheißende und anregende Behandlung im Kurverfahren erfolgte seinerzeit nach den Prinzipien des Brownianismus. ; https://de.wikipedia.org/wiki/Neurasthenie

xlii https://de.wikipedia.org/wiki/Staatsquote

xliii http://www.nzz.ch/des-lebens-bruder-1.4891992

xliv Vgl. Dobelli, Rolf, die Kunst des klaren Denkens, S. 27-44.

xlv Horx, Matthias. „Zukunft wagen". s.22-33

xlvi https://en.wikiquote.org/wiki/Doug_Stanhope

xlvii http://www.theologe.de/kirchensubventionen_stopp.htm

xlviii http://www.southpark.de/clips/104274/was-scientologen-tats%C3%A4chlich-glauben

xlix http://www.science-skeptical.de/politik/wissenschaft-und-zeitgeist/0011582/

l Vgl. Zizek, Slavoy, Der >Neue Klassenkamp, S.25-33

li http://critique-of-pure-reason.com/notes-on-moores-proof-of-an-external-world/

lii http://www.ostfalia.de/cms/de/pws/turtur/FundE

liii http://www.kommunikation.uzh.ch/static/unimagazin/archiv/1-97/wissenschaft.html

liv http://www.bbc.com/future/story/20151127-meet-zoltan-the-strangest-candidate-running-for-president

lv http://www.nzz.ch/meinung/blogs/uebermorgen/1284/2016/03/04/kryonik-einfrieren-auftauen-leben

lvi http://www.spiegel.de/wirtschaft/unternehmen/google-will-ueber-neue-tochterfirma-das-altern-bekaempfen-a-923151.html

lvii http://www.poverty.com/

lviii http://www.visual-arts-cork.com/prehistoric/lion-man-hohlenstein-stadel.htm

lix http://archive.archaeology.org/1105/artifact/egyptian_mummy_artificial_toe.html

lx http://www.vice.com/de/read/der-arzt-der-maenner-mit-ziegenhoden-bestueckte-und-gouverneur-von-kansas-werden-wollte-462

lxi http://www.aphorismen.de/zitat/22576

lxii http://serien.ich-zitiere.de/2-Futurama

lxiii https://en.wikipedia.org/wiki/Lindy_effect

lxiv https://www.youtube.com/watch?v=xLqrVCi3l6E

lxv https://books.google.de/books?id=JYblAQAAQBAJ&pg=PT115&lpg=PT115&dq=einstein+Wenn+wir+unser+Leben+und+unsere+Bem%C3%BCchungen+Revuepassieren+lassen&source=bl&ots=jWKoBewFiB&sig=R62CuwfZG5tsJdHnvreWwOtxO2Y&hl=de&sa=X&ved=0ahUKEwj4zJiFyPzKAhXIOhQKHbYXBVAQ6AEIITAA#v=onepage&q=einstein%20Wenn%20wir%20unser%20Leben%20und%20unsere%20Bem%C3%BCChungen%20Revuepassieren%20lassen&f=false

lxvi http://www.thehumanmarvels.com/francesco-lentini-the-three-legged-man/

lxvii http://www.zeit.de/online/2008/13/u-boot-delfine

lxviii http://www.focus.de/wissen/natur/tiere-und-pflanzen/tid-26108/zensierte-studie-nach-100-jahren-entdeckt-perverse-pinguine-schockten-polarforscher_aid_765403.html

lxix http://www.n-tv.de/mediathek/bilderserien/wissen/Die-brutale-Welt-der-Tiere-article14579881.html

lxx http://www.morgenpost.de/berlin/article104956217/Berlinerin-stuerzt-sich-im-Zoo-ins-Eisbaeren-Gehege.html

lxxi Horx, Matthias. „Zukunft wagen". s.72

lxxii http://toughguywisdom.com/tough-guy-movie-quotes/de-niro-in-ronin-part-of-the-problem/

lxxiii http://www.israelheute.com/Nachrichten/Artikel/tabid/179/nid/28561/Default.aspx

lxxiv http://blogs.wsj.com/japanrealtime/2014/06/03/panasonic-targets-cheaper-wearable-robots-for-2015/

[lxxv] http://humaitech.com/
[lxxvi] http://worldnewsdailyreport.com/david-rockefellers-sixth-heart-transplant-successful-at-age-99/
[lxxvii] http://spectrum.ieee.org/geek-life/profiles/steve-mann-my-augmediated-life
[lxxviii] http://motherboard.vice.com/read/the-cyborg-kevin-warwick-is-the-worlds-first-human-robot-hybrid
[lxxix] http://www.terrybisson.com/page6/page6.html
[lxxx] http://motherboard.vice.com/de/read/natuerlich-gibt-es-alienswir-finden-sie-nur-nicht-weil-sie-laengst-ki-sind-763
[lxxxi] http://www.dailymail.co.uk/video/news/video-1179700/Incredible-moment-isolated-tribe-makes-contact-outsiders.html
[lxxxii] http://www.forschung-und-wissen.de/nachrichten/technik/voellig-transparente-solarzellen-entwickelt-13372249
[lxxxiii] http://www.ingenieur.de/Fachbereiche/Verfahrenstechnik/Pilotanlagen-laufen-So-Diesel-Luft-hergestellt
[lxxxiv] http://www.abendzeitung-muenchen.de/inhalt.teleportation-koennte-realitaet-werden-forscher-beamen-information-von-einem-teilchen-zum-anderen.de4afa74-c0ad-4d9e-bfaa-83e51935921d.html
[lxxxv] https://www.humanbrainproject.eu/de
[lxxxvi] http://joylent.s3.amazonaws.com/how_to_use/english.pdf
[lxxxvii] http://www.spiegel.de/reise/aktuell/einreise-in-usa-so-sollten-sie-sich-am-flughafen-verhalten-a-1047517.html
[lxxxviii] http://www.netzwelt.de/news/152383-biohacking-ex-marine-attackiert-android-smartphones-chip-finger.html
[lxxxix] http://www.zeit.de/wissen/gesundheit/2015-06/transplantation-kopf-arzt-canavero
[xc] https://mysteryoftheiniquity.com/2011/02/24/transhumanism-is-a-reality/
[xci] Vgl. Horx, Matthis. Zukunft wagen: Über den klugen Umgang mit dem UnvorhersehbarenZukunft wagen: Über den klugen Umgang mit dem Unvorhersehbaren, S- 27-54
[xcii] Horx, Matthias. „Zukunft wagen". s.87
[xciii] https://blog.fefe.de/?ts=a838933f
[xciv] http://www.vice.com/de/read/dieser-arzt-ist-ueberzeugt-mit-100-pillen-am-tag-150-jahre-alt-werden-zu-koennen-150
[xcv] Ebd.
[xcvi] http://www.untot.info/107-0-Ewig-leben-2-Ray-Kurzweil.html
[xcvii] http://www.dailymail.co.uk/health/article-3285537/Has-person-ll-live-1-000-born-s-experts-believe-new-book-professor-reveals-s-good-news-rest-us.html
[xcviii] http://www.zeit.de/wissen/gesundheit/2014-01/stammzellen-regeneration-medizin-stap
[xcix] https://books.google.de/books?id=JG8pBAAAQBAJ&pg=PA204&lpg=PA204&dq=%E2%80%9EF%C3%BCr+jedes+Problem+gibt+es+eine+L%C3%B6sung,+die+einfach,+sauber+und+falsch+ist.%E2%80%9C&source=bl&ots=yTzm_IjKHy&sig=oGvx32frWYjSj7zlRl6xDPD1Mm0&hl=de&sa=X&ved=0ahUKEwjLyYfdicrKAhXM7hoKHayhB2MQ6AEIIzAB#v=onepage&q=%E2%80%9EF%C3%BCr%20jedes%20Problem%20gibt%20es%20eine%20L%C3%B6sung%2C%20die%20einfach%2C%20sauber%20und%20falsch%20ist.%E2%80%9C&f=false
[c] http://parteifuergesundheitsforschung.de/
[ci] http://www.sens.org/outreach/celebrity-reimagine-aging-campaign/peter-thiel
[cii] http://killingcancer.vice.com/
[ciii] http://transhumane-partei.de/
[civ] http://www.goethe.de/ins/ru/lp/kul/dur/wis/tec/de6331948.htm
[cv] http://motherboard.vice.com/read/what-if-one-country-achieves-the-singularity-first
[cvi] http://www.imdb.com/character/ch0000749/quotes

cvii http://www.3sat.de/page/?source=/nano/gesellschaft/143211/index.html
cviii http://www.kushima.org/is/wp-content/uploads/2015/07/Good65ultraintelligent.pdf
cix http://europe.newsweek.com/movie-transcendence-takes-consciousness-and-singularity-248139?rm=eu
cx http://www.openworm.org/
cxi http://greenbrain.group.shef.ac.uk/
cxii http://www.bund.net/honigbiene
cxiii http://www.heise.de/tp/artikel/43/43788/1.html
cxiv http://europe.newsweek.com/movie-transcendence-takes-consciousness-and-singularity-248139?rm=eu
cxv http://reprap.org/
cxvi http://www.sueddeutsche.de/wissen/aerzte-implantieren-kuenstliches-herz-mechanisches-herzklopfen-1.1007467
cxvii https://www.washingtonpost.com/news/the-switch/wp/2013/10/21/yes-terrorists-could-have-hacked-dick-cheneys-heart/
cxviii http://bigthink.com/endless-innovation/why-ray-kurzweils-predictions-are-right-86-of-the-time
cxix http://typotalks.com/news/2014/05/16/holm-friebe-die-stein-strategie-von-der-kunst-nicht-zu-handeln/
cxx Horx, Matthias. „Zukunft wagen". s.27
cxxi Vgl. http://www.amazon.de/Outliers-Story-Success-Malcolm-Gladwell/dp/0316017930, S. 54-98
cxxii https://forever-healthy.org/de/
cxxiii https://www.fightaging.org/archives/2004/11/strategies-for-engineered-negligible-senescence/
cxxiv https://www.fightaging.org/faq/
cxxv Vgl, Kuryzweil, Ray, Transcend, S. 215
cxxvi http://apps.bluezones.com/vitality/
cxxvii

UNIVERSAL SUPPLEMENTS (NEEDED BY EVERYONE)		
Nutrient	RNI (Reference Nutrient Intake)	ONA (Optimal Nutritional Allowance)
Vitamin A (mg)	600 (women); 700 (men)	5,000
Vitamin D (mg)	No general RNI; 10 (adults over 65)	600-2,000
Vitamin E	No RNI	400-800
Vitamin K	No RNI	90-120
B₁ (Thiamin) (mg)	0.8 (women); 1 (men)	10-200
B₂ (Riboflavin) (mg)	1.1 (women); 1.3 (men)	10-100
B₃ (Niacin) (mg)	13 (women); 17 (men)	20-100
B₆ (Pyridoxine) (mg)	1.2 (women); 1.4 (men)	50-100
B₁₂ (Cobalamin) (mcg)	1.5	10-25
Folic acid (mcg)	200	400-800
Vitamin C (mg)	40	500-2,000
Calcium (mg)	700	1,000-1,500
Magnesium (mg)	270 (women); 300 (men)	400-600
Iron (mg)	14.8 (premenopausal women); 8.7 (postmenopausal women); 8.7 (men)	15 (premenopausal women); 0 (postmenopausal women); 0 (men)
Zinc (mg)	7 (women); 9.5 (men)	15-30
Copper (mg)	1.2	0.5-4
Selenium (mcg)	60 (women), 75 (men)	100-250
Manganese (mg)	No RNI	2-5
Chromium (mcg)	No RNI	120-200
Omega-3 EFAs (mg)	No RNI	EPA 1,000-3,000 DHA 700-2,000

SUPERNUTRIENT SUPPLEMENTS (HELPFUL FOR ALMOST EVERYONE)

Supplement	Amount
Coenzyme Q_{10}	30–100 mg 2/day
Grapeseed extract	50–100 mg 2/day
Alpha lipoic acid	50–100 mg 2/day
Carnosine	250–500 mg 2–3/day
Resveratrol	200 mg 2/day

SPECIFIC SUPPLEMENTS (RECOMMENDED FOR SPECIFIC CONDITIONS)

Supplement	Indication	Daily Dose
Lutein	Eye health	6 mg
I3C	Breast, prostate cancer prevention	200 mg
Lycopene	Prevents prostate disease	10–30 mg
Saw palmetto	Prevents prostate disease	320 mg
Garlic extract	Heart, blood pressure	1,600 mg
Arginine	Heart, blood pressure	6,000–9,000 mg
Vinpocetine	Memory	10–20 mg

[cxxviii] https://brain.forever-healthy.org/display/PUB/Nutrition

[cxxix] http://www.lifeextension.com/vitamins-supplements/item02054/life-extension-mix-capsules

[cxxx] https://www.youtube.com/watch?v=x5sxcsYHdmU

[cxxxi] http://www.berliner-zeitung.de/wissen/krebserregende-stoffe-in-fleisch-und-wurst-so-gefaehrlich-ist-fleisch-wirklich-23073586

[cxxxii] http://www.mensjournal.com/expert-advice/the-worst-supplements-of-all-time-20131216/craze-performance-fuel

[cxxxiii] http://www.bvl.bund.de/SharedDocs/Downloads/01_Lebensmittel/UBA_Umgang_mit_Trinkwasser.pdf?__blob=publicationFile; http://www.beladomo.de/wasserwissen/trinkwasserqualitaet-in-deutschland

[cxxxiv] https://www.psiram.com/

[cxxxv] https://forever-healthy.org/en/today/supplements/

[cxxxvi] http://www.brot-fuer-die-welt.de/themen/ernaehrung/57-aktion-brot-fuer-die-welt/die-ganze-welt-kann-sich-gesund-ernaehren.html

[cxxxvii] Horx, Matthias. „Zukunft wagen". S.25

[cxxxviii] http://www.kaiserslautern-kreis.de/fileadmin/media/Dateien/Lebensmittel%C3%BCberwachung_Veterin%C3%A4rwesen_Landwirtschaft/Merkblatt_Zusatzstoffe_Konditoren.pdf

[cxxxix] http://www.todaysdietitian.com/newarchives/100713p24.shtml

[cxl] https://www.ugb.de/lebensmittel-im-test/ist-fisch-noch-geniessbar/

[cxli] http://www.spiegel.de/panorama/hundefleisch-festival-in-china-yulin-toetet-10-000-vierbeiner-fuer-schlachtfest-a-1040071.html, https://www.youtube.com/watch?v=L7UA1WlNQTk

[cxlii] http://www.t-online.de/lifestyle/essen-und-trinken/id_51375160/gemuese-wasser-und-hitze-sind-vitaminkiller-beim-gemuesekochen.html

[cxliii] Kuryzweil, Ray, Transcend, S. 72

[cxliv] http://www.urgeschmack.de/welcher-susstoff-ist-gesund/

[cxlv] http://www.welt.de/wissenschaft/article1066325/Vertragen-Chinesen-nun-Milch-oder-nicht.html

[cxlvi] http://www.spiegel.de/forum/gesundheit/osteoporose-so-werden-sproede-knochen-wieder-stark-thread-128915-1.html

[cxlvii] https://www.youtube.com/watch?v=BMOjVYgYaG8

[cxlviii] https://www.youtube.com/watch?v=nvEop9e0yVw

[cxlix] https://www.youtube.com/watch?v=AgOobPl0nGc

cl	https://www.youtube.com/watch?v=AIFmZ805zII
cli	http://www.forksoverknives.com/why-the-president-of-the-american-college-of-cardiology-wants-heart-disease-patients-to-eat-vegan-diets/
clii	http://www.tylervigen.com/spurious-correlations ; weitere Glorreiche Beispiele auf der Seite.
cliii	http://drunken-peasants-podcast.wikia.com/wiki/Vegan_Gains
cliv	http://drunken-peasants-podcast.wikia.com/wiki/Vegan_Gains
clv	http://schrotundkorn.de/ernaehrung/lesen/201311b02.html
clvi	http://www.oekotest.de/cgi/index.cgi?artnr=105122&bernr=04
clvii	http://www.beladomo.de/wasserwissen/unsere-leitungswasserqualitaet
clviii	http://www.sciencebuzz.org/blog/grave_wax_and_soap_people_germany_s_not_so_rotten_corpses
clix	https://de.wikipedia.org/wiki/KZ_Stutthof
clx	http://www.gemeinschaftsforum.com/forum/index.php?topic=35019.30
clxi	http://www.trinkwasser-report.de/plaintext/presseberichte/spiegelonlinedeutschlandzweitschlechteste.html
clxii	http://www.zdf.de/frontal-21/themen-der-sendung-vom-8.-september-2015-39990436.html
clxiii	http://www.beladomo.de/wasserwissen/leitungswasserqualitaet/schwermetalle-im-trinkwasser
clxiv	https://www.psiram.com/ge/index.php/Viktor_Schauberger
clxv	http://www.wasserfilter-billiger.de/umkehrosmose-wasserfilter-modell-simply-1.html
clxvi	http://www.merkur.de/welt/mann-indien-angeblich-meteorit-erschlagen-zr-6105779.html
clxvii	http://www.randomhouse.de/Buch/Zukunft-wagen-UEber-den-klugen-Umgang-mit-dem-Unvorhersehbaren/Matthias-Horx/e309969.rhd
clxviii	http://www.exit-online.org/pdf/schwarzbuch.pdf
clxix	https://www.facebook.com/faktastisch/photos/a.573017106095972.1073741828.572098642854485/1274838182580524/?type=3
clxx	http://m.spiegel.de/wissenschaft/mensch/a-358710.html#spRedirectedFrom=www&referrrer=
clxxi	http://www.welt.de/gesundheit/article143144236/Urin-im-Chlor-verursacht-rote-Augen-beim-Baden.html
clxxii	http://www.taz.de/!5087330/
clxxiii	http://www.vice.com/en_uk/read/charles-eugster-fittest-oap-on-planet, Allerdings stopft der sich mit Fleisch voll, obwohl er keinen Zucker isst. Deutet schwer auf gute Genetik hin.
clxxiv	http://www.spiegel.de/spiegel/print/d-104674098.html
clxxv	http://www.welt.de/gesundheit/article2774414/Dauerhunger-soll-Alterungsprozess-bremsen.html
clxxvi	http://motherboard.vice.com/en_uk/read/the-church-of-perpetual-life
clxxvii	http://fatupfeminists.de/tag/fat-empowerment/
clxxviii	http://www.tandfonline.com/toc/ufts20/current
clxxix	http://www.focus.de/gesundheit/ernaehrung/abnehmen/uebergewicht-dicke-sterben-zehn-jahre-frueher_aid_381545.html
clxxx	http://www.focus.de/finanzen/versicherungen/krankenversicherung/krankheitskosten-in-deutschland-so-teuer-kommen-dicke-menschen-das-gesundheitssystem_aid_844652.html
clxxxi	http://www.telegraph.co.uk/news/uknews/1531487/The-greater-your-weight-the-lower-your-IQ-say-scientists.html
clxxxii	„Ein Röhrchen drückt ihre Zunge nach unten, damit das Schlucken des Breis aus Hirse und Butter einfacher geht. Zwei Kilo Brei, danach literweise Kamelmilch. Das ist die Tagesration eines sechsjährigen Mädchens in einem mauretanischen Masthaus. Die heute erwachsene Mauretanierin Happiness Edem erklärt in einem BBC-Interview über eine „Fütterungsfarm" in Calabar: „Wenn du dick bist, siehst du gesund aus. Die Leute respektieren dich. Sie

ehren dich. Egal wo du hingehst, sie sehen, dass dein Ehemann dich gut füttert."

http://www.focus.de/panorama/welt/xxl-wahn-in-mauretanien-wenn-aus-essen-folter-wird-_aid_722252.html

[clxxxiii] http://www.spiegel.de/spiegelwissen/meditieren-als-mittel-gegen-stress-angststoerungen-depressionen-a-937314.html

[clxxxiv] Vgl, Kuryzweil, Ray, Transcend, S. 155- 176

[clxxxv] Timothy Ferriss , Die 4-Stunden-Woche: Mehr Zeit, mehr Geld, mehr Leben, S. 110-143

[clxxxvi] http://www.rp-online.de/wirtschaft/unternehmen/lars-windhorst-kauft-ackerflaechen-in-sambia-aid-1.2959526

[clxxxvii] http://apps.bluezones.com/vitality/

[clxxxviii] Horx, Matthias. „Zukunft wagen". s. 131

[clxxxix] Horx, Matthias. „Zukunft wagen". s.151-160

[cxc] Horx, Matthias. „Zukunft wagen". s.157

[cxci] https://de.wikipedia.org/wiki/Big_Crunch

[cxcii] Dan Buettner, The Blue Zones Solution: Eating and Living Like the World's Healthiest People (Englisch) Gebundene Ausgabe – 7. April 2015, S.18-19

[cxciii] http://www.techinsider.io/inside-the-worlds-first-transhumanist-church-2016-2

[cxciv] http://www.bloomberg.com/news/articles/2016-01-27/the-world-s-favorite-new-tax-haven-is-the-united-states

[cxcv] http://motherboard.vice.com/en_uk/read/the-church-of-perpetual-life

[cxcvi] http://www.theguardian.com/business/2016/apr/25/delaware-tax-loophole-1209-north-orange-trump-clinton?CMP=Share_AndroidApp_Gmail

[cxcvii] http://motherboard.vice.com/en_uk/read/the-church-of-perpetual-life

[cxcviii] https://iu.spoonuniversity.com/news/new-study-shows-drinking-alcohol-will-help-live-longer/

[cxcix] http://www.spiegel.de/wissenschaft/mensch/augenzeugen-wenn-die-erinnerung-truegt-a-927666.html

[cc] http://www.faz.net/aktuell/wirtschaft/weltwirtschaftsforum/roboter-in-der-wirtschaft-millionen-jobs-fallen-weg-14018180.html

[cci] https://www.youtube.com/watch?v=gEsKRsjou5k

[ccii] http://artsites.ucsc.edu/faculty/cope/Emily-howell.htm

[cciii] http://www.theguardian.com/books/2014/nov/11/can-computers-write-fiction-artificial-intelligence

[cciv] https://www.youtube.com/watch?v=7Pq-S557XQU; Das beste Video zum Thema Zukunft. Jemals.

[ccv] https://blog.fefe.de/?ts=a870b050

[ccvi] http://www.stern.de/digital/online/google-ermoeglicht-simultan-uebersetzung-per-app-3463148.html

[ccvii] http://www.faz.net/aktuell/wissen/medizin-ernaehrung/hirnforschung-forschern-gelingt-telepathie-experiment-13137776.html

[ccviii] Vgl, Kuryzweil, Ray, Transcend, S. 57-87; http://www.zdf.de/frontal-21/die-themen-der-sendung-vom-9.-oktober-24638824.html

[ccix] Vgl. „Kaufen für die Müllhalde", Arte: https://www.youtube.com/watch?v=zVFZ4Ocz4VA

[ccx] http://www.ebay.de/itm/like/400287213598?lpid=106&chn=ps&ul_noapp=true

[ccxi] http://www.capital.de/themen/gruen-macht-gluecklich-3817.html

[ccxii] http://www.renewlife.com/search/go?lbc=renewlife&method=or&p=Q&ts=custom&uid=820489766&w=heavy%20metal%20cleanse&cnt=300

[ccxiii] http://sz-magazin.sueddeutsche.de/texte/anzeigen/37567/Stirb-langsam

[ccxiv] Kuryzweil, Ray, Transcend, S. 105-186

[ccxv] https://forever-healthy.org/en20/health/overview/

[ccxvi] http://www.focus.de/wissen/mensch/tid-25193/kryonik-einfrieren-auftauen-wiederbeleben-der-traum-vom-ewigen-leben-glaskoerper-im-stickstofftank_aid_720834.html
[ccxvii] Ebd.
[ccxviii] http://www.alcor.org/press/response.html
[ccxix] http://waitbutwhy.com/2016/03/cryonics.html
[ccxx] http://www.straitstimes.com/world/africa/thai-girl-2-youngest-to-be-cryonically-preserved-5-others-who-have-also-been-frozen
[ccxxi] http://www.cryonics-uk.org/
[ccxxii] http://www.zeit.de/zeit-wissen/2016/01/nahtoderfahrung-sterben-forschung-gehirn
[ccxxiii] http://www.spiegel.de/spiegel/print/d-50578098.html
[ccxxiv] http://www.zeit.de/zeit-wissen/2016/01/nahtoderfahrung-sterben-forschung-gehirn/seite-2
[ccxxv] http://www.stern.de/panorama/gesellschaft/freitod-tourismus-zum-sterben-in-die-schweiz-3074814.html
[ccxxvi] https://de.pinterest.com/pin/336362665888835039/
[ccxxvii] http://www.sens.org/
[ccxxviii] http://www.thefiscaltimes.com/Media/Slideshow/2013/03/07/10-government-funded-inventions
[ccxxix] http://www.mikrocontroller.net/topic/263412
[ccxxx] Berners-Lee forderte als Reaktion auf den Bericht der von ihm geleiteten "World Wide Web Foundation", die den Beitrag des Internet zu sozialem, wirtschaftlichem und politischem Fortschritt in 86 Ländern misst, die Anerkennung des Internetzugangs als Menschenrecht. Was nützt einem das wenn man tot ist?
[ccxxxi] http://www.bild-der-wissenschaft.de/bdw/bdwlive/heftarchiv/index2.php?object_id=31623117
[ccxxxii] http://www.fi.muni.cz/usr/gruska/future13/future02.pdf
[ccxxxiii] Horx, Matthias. „Zukunft wagen". s.88
[ccxxxiv] Horx, Matthias. „Zukunft wagen". s.8-40
[ccxxxv] Horx, Matthias. „Zukunft wagen". s.45
[ccxxxvi] Horx, Matthias. „Zukunft wagen". s.45-47
[ccxxxvii] Horx, Matthias. „Zukunft wagen". s.50
[ccxxxviii] Horx, Matthias. „Zukunft wagen".S. 127
[ccxxxix] http://www.zeit.de/2009/02/N-Darwin-Biografie/seite-5
[ccxl] Horx, Matthias. „Zukunft wagen".S. 53
[ccxli] http://www.faz.net/aktuell/feuilleton/debatten/evgeny-morozov-im-gespraech-es-ist-laecherlich-das-internet-erklaeren-zu-wollen-12614255.html ; Nebenbei vertritt er auch die These, dass das Internet die Demokratie schädigt. Lustige Position aus Weissrussland.
[ccxlii] Horx, Matthias. „Zukunft wagen".S.93
[ccxliii] http://www.morgenpost.de/printarchiv/berlin/article135962449/In-Berlin-leben-die-Amish-mit-Pferdekutschen.html
[ccxliv] http://www.deutschlandfunk.de/urbane-nomaden-abgrenzung-gegen-tradierten-lebensformen.807.de.html?dram:article_id=317029
[ccxlv] http://norient.com/tag/retro/feed/
[ccxlvi] http://thekurdishproject.org/latest-news/kurdistan-religion/fed-up-with-sectarianism-kurds-turn-to-zoroastrianism/
[ccxlvii] http://www.christiantranshumanism.org/
[ccxlviii] http://www.deutschlandradiokultur.de/die-neokons-und-die-us-aussenpolitik.986.de.html?dram:article_id=153680
[ccxlix] http://www.au.dk/fukuyama/boger/essay/
[cd] https://en.wikipedia.org/wiki/The_Millennial_Project:_Colonizing_the_Galaxy_in_Eight_Easy_Steps

cdi https://heisersstimme.wordpress.com/
cdii http://www.morgenpost.de/kultur/berlin-kultur/article115517396/Erbgut-der-Mensch-ist-zur-Haelfte-eine-Banane.html
cdiii http://www.nickbostrom.com/papers/dangerous.html
cdiv https://books.google.de/books?id=-9yea7c2muAC&pg=PA160&lpg=PA160&dq=ludditen+ziele&source=bl&ots=1I3LE9HOND&sig=D2aBWY1EQuPcyraQ9_w-pGs992g&hl=de&sa=X&ved=0ahUKEwjk3eWX8J_MAhXK2ywKHQiBC6gQ6AEIOTAH
cdv http://www.spiegel.de/unispiegel/studium/die-schlimmsten-fehlprognosen-von-wissenschaftlern-und-managern-a-868979.html
cdvi http://motherboard.vice.com/read/what-if-one-country-achieves-the-singularity-first
cdvii http://spectrum.ieee.org/geek-life/profiles/steve-mann-my-augmediated-life
cdviii http://www.vice.com/de/read/die-zombieapokalypse-ist-besser-als-dein-leben
cdix http://www.n24.de/n24/Nachrichten/Netzwelt/d/4960536/so-oft-schauen-junge-leute-auf-ihr-handy.html
cdx Deshalb ist auch die Diskussion über Handysicherheit so wichtig: Was heute dein Smartphone ist, ist morgen dein Bewusstsein.
cdxi Lukman Harees - The Mirage of Dignity on the highways of Human 'Progress', https://books.google.de/books?id=DWqolvx1oakC&pg=PA318&lpg=PA318&dq=Bill+Joy,+co-founder+of+Sun+Microsystems,+struck+by+a+passage+from+Unabomber+Theodore+Kaczynski%27s+anarcho-primitivist+manifesto+quoted+in+Ray+Kurzweil%27s+The+Age+of+Spiritual+Machines,+became+a+notable+critic+of+emerging+technologies.+Joy%27s+essay+Why+the+future+doesn%27t+need+us+argues+that+human+beings+would+likely+guarantee+their+own+extinction+by+developing+the+technologies+favored+by+transhumanists.+He+invokes,+for+example,+the+%22grey+goo+scenario%22+where+out-of-control+self-replicating+nanorobots+could+consume+entire+ecosystems,+resulting+in+global+ecophage.&source=bl&ots=ozCfESnTMW&sig=sFQlE7YD1kKRKEvZryTl6okCHm4&hl=de&sa=X&ved=0ahUKEwiz5KS918rLAhUFtxoKHfNXA30Q6AEIHzAA#v=onepage&q=Bill%20Joy%2C%20co-founder%20of%20Sun%20Microsystems%2C%20struck%20by%0a%20passage%20from%20Unabomber%20Theodore%20Kaczynski's%20anarcho-primitivist%20manifesto%20quoted%20in%20Ray%20Kurzweil's%20The%20Age%20of%20Spiritual%20Machines%2C%20became%20a%20notable%20critic%20of%20emerging%20technologies.%20Joy's%20essay%20Why%20the%20future%20doesn't%20need%20us%20argues%20that%20human%20beings%20would%20likely%20guarantee%20their%20own%20extinction%20by%20developing%20the%20technologies%20favored%20by%20transhumanists.%20He%20invokes%2C%20for%20example%2C%20the%20%22grey%20goo%20scenario%22%20where%20out-of-control%20self-replicating%20nanorobots%20could%20consume%20entire%20ecosystems%2C%20resulting%20in%20global%20ecophage.&f=false
cdxii http://www.kunstzitate.de/bildendekunst/manifeste/futurismus.htm
cdxiii http://scienceblogs.de/astrodicticum-simplex/2015/09/09/oeffnet-sich-am-23-september-2015-am-cern-ein-portal-in-eine-andere-dimension/
cdxiv http://www.heise.de/tp/artikel/43/43788/1.html
cdxv https://www.vice.com/en_uk/read/berardi-interview
cdxvi http://motherboard.vice.com/read/transhumanist-a-conspiracy-theory-problem
cdxvii http://www.handelsblatt.com/technik/das-technologie-update/weisheit-der-woche/innovationskraft-welches-land-in-europa-die-meisten-erfindungen-liefert/8502884.html

[cdxviii] Horx, Matthias. „Zukunft wagen". S.56
[cdxix] http://www.deutschlandfunk.de/deutschland-und-der-millenniumsgipfel.858.de.html?dram:article_id=123025
[cdxx] https://www.youtube.com/watch?v=4PSxtJNp9Pc
[cdxxi] http://www.zdf.de/ZDFmediathek/kanaluebersicht/760014#/beitrag/video/2707932/heute-show-vom-142016
[cdxxii] http://motherboard.vice.com/read/bitcoin-blockchain-summit-with-richard-branson-on-necker-island
[cdxxiii] http://www.exit-online.org/pdf/schwarzbuch.pdf, S.8
[cdxxiv] http://journalistsresource.org/studies/economics/jobs/robots-at-work-the-economics-effects-of-workplace-automation
[cdxxv] Berliner Medizinhistorisches Museum, Charitépl. 1, 10117 Berlin (schon für den Gruselfaktor zu empfehlen: Baby Arielle lässt grüßen)
[cdxxvi] http://www.heise.de/tp/artikel/43/43788/1.html
[cdxxvii] https://blog.fefe.de/?ts=a9fa26d7
[cdxxviii] http://www.wissenbloggt.de/?p=8897&print=pdf
[cdxxix] Zaphod Beeblebrox aus Per Anhalter durch die Galaxis lässt grüßen. Aber das ist sein richtger Name.
[cdxxx] http://www.heise.de/tp/artikel/43/43788/1.html
[cdxxxi] http://www.heise.de/tp/artikel/43/43788/1.html
[cdxxxii] http://motherboard.vice.com/read/the-new-american-dream-let-the-robots-take-our-jobs
[cdxxxiii] http://www.heise.de/tp/artikel/43/43788/1.html
[cdxxxiv] http://www.judentum-projekt.de/persoenlichkeiten/geschichte/wiesenthal/index.html

www.ingramcontent.com/pod-product-compliance
Lightning Source LLC
Chambersburg PA
CBHW071817200526
45169CB00018B/364